图 1-1 苏铁 *Cycas revoluta* Thunb.

图 1-2 银杏 *Ginkgo biloba* L.

1

图 1-3 水杉 *Metasequoia glyptostroboides* Hu et Cheng

图 1-4 南方红豆杉 *Taxus wallichiana* var. *mairei* (Lemée et H. Lév.) L. K. Fu et Nan Li

图 1-5 鹅掌楸 *Liriodendron chinense* (Hemsl.) Sargent.

图 1-6 观光木 *Tsoongiodendron odorum* Chun

图 1-7　连香树 *Cercidiphyllum japonicum* Sieb et Zucc.

图 1-8　香樟 *Cinnamomum camphora* (L.) J.Presl

图 1-9　闽楠 *Phoebe bournei* (Hemsl.)
Yen C Yang J. W.

图 1-10　浙江楠 *Phoebe chekiangensis* C. B. Shang

图 1-11 莲 *Nelumbo nucifera* Gaertn.

图 1-12 杜仲 *Eucommia ulmoides* Oliv.

图 1-13　红椿 *Toona ciliata* Roem.

图 1-14　喜树 *Camptotheca acuminata* Decne.

7

图 1-15　珙桐 *Davidia involucrata* Baill.

图 1-16　伯乐树 *Bretschneidera sinensis* Hemsl.

岳阳市

森林生态博览园植物

Plants of Yueyang Forest Ecology Expo Park

潘新军　杨广军 ◆ 主编

中国林业出版社
China Forestry Publishing House

图书在版编目（CIP）数据

岳阳市森林生态博览园植物／潘新军 杨广军主编.
--北京：中国林业出版社，2019.9

ISBN 978-7-5219-0265-5

Ⅰ.①岳…　Ⅱ.①潘…　Ⅲ.①植物–介绍–岳阳
Ⅳ.①Q948.526.43

中国版本图书馆 CIP 数据核字（2019）第 194261 号

中国林业出版社·自然保护分社（国家公园分社）

策划编辑： 何游云
责任编辑： 何游云　肖静

出版发行	中国林业出版社（100009 北京市西城区德内大街刘海胡同 7 号）
	http：//lycb.forestry.gov.cn　电话：（010）83143577，83143574
印　刷	北京中科印刷有限公司
版　次	2019 年 9 月第 1 版
印　次	2019 年 9 月第 1 次
开　本	700mm×1000mm　1/16
印　张	10
彩　插	40 面
字　数	170 千字
定　价	50 元

《岳阳市森林生态博览园植物》
专家指导委员会

主　任　方归农

副主任　曹道武　李洪泽　付冬蕾

委　员　杨晓兰　谢庆国　欧玉林　李洪甫　廖虹娅
　　　　易冬平　肖国初　周　捷　郝向明

编委会

主　　编　潘新军　杨广军

副主编　彭辉明　李　科

参编人员　周晓星　戴　莉　付　敏　赵　丹　盛世虹
　　　　　曹基武　陈旭阳　朱逸民　张皓民　李娇婕
　　　　　廖天柱　左启可　赵维彬　郭旺兴　江建成
　　　　　彭诗怡　刘岳林　丰　婷

序

　　截至目前，地球上共有约 170 万种生物，其中植物种类超过 50 万种。植物世界博大多彩，自渺无人烟的荒漠到碧波荡漾的大海，从万里冰封的两极到炎热无比的赤道，处处都有植物繁衍生息。但是，世界自然基金会（WWF）发布的《地球生命力报告 2018》显示，最近数十年，地球物种消失的速度是数百年前的 100 到 1000 倍，保护生物多样性成为了每个人的神圣使命。

　　岳阳市位于湖南洞庭湖之滨，依长江、纳三湘四水，江湖交汇，是生物多样性关键地区之一。岳阳市森林生态博览园是以湘北丘岗山地珍稀植物、洞庭湖区湿地珍稀植物保存为主的综合性基地，已保存各类种质资源 521 种，其中包括珙桐、银杏等国家一级重点保护野生树种以及多个洞庭湖区珍稀物种。但迄今为止，尚未有人对其保存的种质资源进行全面、系统整理。鉴于此，岳阳市林业科学研究所组织全所科研人员和中南林业科技大学部分从事植物分类学的专家开展植物调查，系统整理了岳阳市森林生态博览园园内蕨类植物、裸子植物、被子植物的名称、形态特征、分布状况等，编写成本书。

　　《岳阳市森林生态博览园植物》是岳阳市林科所和中南林业科技大学科研人员及专家理论联系实际、重视基础研究的成果之一。本书具有一定的知识性、科学性、趣味性，使广大民众对于岳阳市森林生态博览园植物的分布状况、标本采集等现状有了更加清晰的认识，为系统、深入开展区域性生物多样性调查提供了科学依据，对植物学爱好者、园林工作者、环境保护工作者等相关从业人员具有一定的参考价值，并为将来编写《岳阳植物志》做了准备。

在《岳阳市森林生态博览园植物》一书即将付梓之际，应作者之邀，欣然作序。愿本书的面世，能为保护生物多样性、推进绿色发展、建设生态岳阳贡献一份绵薄之力。

方归农

岳阳市林业局局长

2019 年 8 月

前言

　　岳阳市森林生态博览园经过多年的建设，现已初具规模，《岳阳市森林生态博览园植物》一书经过5年的努力，终于出版。

　　本书收编了岳阳市森林生态博览园现有的大部分植物，共126科284属542种，其中蕨类植物12种、裸子植物17种、被子植物513种，有国家一级重点保护野生植物6种，国家二级重点保护野生植物10种，月季品种111种，海棠品种9种。本书所收编植物有部分为苗圃幼苗，生长不一定稳定，原有种类也许不能全部保存。随着引种工作的继续加大，基地植物不断增加，收编入书的植物也将不断得到丰富和扩展。

　　本书蕨类植物采用秦仁昌先生于1978年发表的《中国蕨类植物分类系统》，裸子植物采用郑万钧（1978）系统，被子植物采用哈钦松1973年《有花植物种志》第三版系统。拉丁学名参考《湖南种子植物总览》《湖南树木志》《湖南植物志》《中国高等植物》《中国园林植物彩色应用图谱》《中国木兰》等专著。国家重点保护野生植物，以国务院一九九九年八月四日正式批准公布的《国家重点保护野生植物名录（第一批）》为准。

本书分为两个部分，第一部分为"重要植物各论"，详细介绍了岳阳市森林生态博览园内国家重点保护野生植物 16 种，特色植物 93 种。第二部分为"植物名录"，收录了岳阳市森林生态博览园所有植物的名称、所属科属。其中，国家一级重点保护野生植物 6 种，国家二级重点保护野生植物 10 种，重要树种 93 种都名列其中。

本书的编写得到了中南林业科技大学以及岳阳市科学技术局、林业局、林业经济学会的大力支持，在此一并致谢。

由于时间仓促，错误和遗漏之处在所难免，恳请读者批评指正，以便今后增补修订，谨此致谢。

编者

2019 年 7 月 18 日

目录

第一部分 重要植物各论

二、特色植物　/29

第二部分　植物名录

第一部分　重要植物各论

一、国家重点保护野生植物

1. 苏铁 *彩版图 1-1*

Cycas revoluta **Thunb.**

【别名及科属】别名：铁树、凤尾蕉、避火蕉。苏铁科苏铁属。

【形态特征】常绿棕榈状木本植物，高 2~3m，稀 8m 以上。树干常不分枝。叶羽状，厚革质而坚硬，基部两侧有刺；裂片条形，边缘反卷，先端刺尖。雄花圆柱形，密被黄褐色绒毛，背面着生多数药囊；雌花略呈扁球形，大孢子叶宽卵形，有羽状裂，密生黄褐色绒毛。种子卵形，红褐色或橘红色。

【保护价值及现状】国家一级重点保护野生植物。因人类活动影响，野生资源损失严重，但城市绿化中广为应用。

【地理分布】产中国东南沿海和日本，长江以南地区广为栽培。

【生物学特性】成熟植株一般在 4 月中下旬抽叶，6 月上中旬展叶，花期 6~7 月，种子 9~10 月成熟。喜光热湿润环境，不耐寒，不耐干旱贫瘠环境，生长慢，少病虫害，寿命极长。

【栽培要点】播种、分蘖繁殖。易管理，宜栽培在向阳面，不宜栽培在风口或道路中间。冬季可用薄膜或稻草将茎叶包裹，到春暖解开，以防遭冻害。移植以 5 月以后气温较暖时进行为宜。

【景观应用】树形奇特，叶刚劲常青，观赏价值高，有反映热带风光的观赏效果。多植于庭前、阶旁及草坪内、孤植、群植，也常布置于花坛的中心或盆栽布置于大型会场内供装饰用。

2. 银杏 彩版图 1-2

Ginkgo biloba L.

【别名及科属】别名：白果树、公孙树。银杏科银杏属。

【形态特征】落叶大乔木，高达 40m，干部直径达 3m 以上。树冠广卵形，青壮年期树冠圆锥形。树皮灰褐色，深纵裂。主枝斜出，近轮生，枝有长枝、短枝之分。1 年生的长枝呈浅棕黄色，后则变为灰白色，并有细纵裂纹，短枝密被叶痕。叶扇形，有二叉状叶脉，顶端常 2 裂，基部楔形，有长柄；互生于长枝而簇生于短枝上。雌雄异株；球花生于短枝顶端的叶腋或苞腋；雄球花 4~6，无花被，长圆形，下垂，呈柔黄花序状，雄蕊多数，螺旋状排列，各有花药 2；雌球花亦无花被，有长柄，顶端有 1~2 盘状珠座，每座上有 1 直生胚珠。种子核果状，椭圆形，直径 2cm，熟时呈淡黄色或橙黄色，外被白粉；外种皮肉质，有臭味，中种皮白色，骨质内种皮膜质；胚乳肉质，味甘，微苦；子叶 2。

【保护价值及现状】国家一级重点保护野生植物。银杏为中生代孑遗的稀有树种，系中国特产，仅浙江天目山有野生状态的树木。

【地理分布】浙江天目山有野生银杏，自沈阳至广州均有栽培，而以江南一带较多。

【生物学特性】一般在 3 月中下旬至 4 月上旬发芽展叶，雌花展现花柄，雄花露出花序，并与叶同步生长，4 月中旬开花，6 月中旬种壳开始硬化，8 月中旬种壳硬化，9~10 月下旬种子成熟，10 月下旬叶片变黄，11~12 月落叶，继而进入冬季休眠期。实生树在自然生长状况下，一般需要 20 年左右方可开花结果，30 年进入挂果盛期。寿命极长，可达 1000 年以上。深根性树种，适应性较强，耐旱、抗寒。

【栽培要点】播种、扦插、分蘖繁殖。银杏对光照要求严格，光照不足，大多会出现生长不良、枝条细弱，叶片薄而黄，影响生长和结果。银杏对土壤条件要求不严，即 pH 在 4.5~8.0 均能生长，但在土层深厚、肥沃、湿润、地下水位较低的微酸性、中性、微碱性土壤中生长良好，不耐水涝和盐碱地。

【景观应用】树姿雄伟壮丽，叶形秀美，寿命既长，又少病虫害，最适宜作庭荫树、行道树或独赏树。

3. 水杉 彩版图 1-3

Metasequoia glyptostroboides **Hu et Cheng**

【别名及科属】别名：梳子杉、水桫。杉科水杉属。

【形态特征】落叶乔木，树高达 35m，胸径 2.5m。干基常膨大。幼树树冠尖塔形，老树则为广圆头形。树皮灰褐色。大枝近轮生，小枝对生。叶交互对生，叶基扭转排成 2 列，呈羽状，条形，扁平，长 0.8～3.5cm，冬季与无芽小枝一同脱落。雌雄同株，单性；雄球花单生于枝顶和侧方，排成总状或圆锥花序状；雌球花单生于去年生枝顶或近枝顶，珠鳞 11～14 对，交叉对生，每球鳞有 5～9 胚珠。球果近球形，长 1.8～2.5cm，熟时深褐色，下垂。种子扁平，倒卵形，周有狭翅；子叶 2，发芽时出土。

【保护价值及现状】国家一级重点保护野生植物。水杉有"活化石"之称。它对于古植物、古气候、古地理和地质学，以及裸子植物系统发育的研究均有重要的意义。

【地理分布】产于四川石柱县，湖北利川县磨刀溪、水杉坝一带及湖南龙山、桑植等地。中国许多地区都已引种，尤以东南各地区和华中各地栽培最多。亚洲、非洲、欧洲、美洲等 50 多个国家和地区已引种栽培。

【生物学特性】一般 2～3 月展叶，花期 2 月，球果 11 月成熟。喜光，喜温暖湿润气候，要求产地 1 月平均气温在 1℃左右，最低气温-8℃，7 月平均气温 24℃左右，年降水量 1500mm。生长速度较快，每年增高 1m 左右。

【栽培要点】播种、扦插繁殖。具有一定的抗寒性，喜深厚肥沃的酸性土，但在微碱性土壤上亦可生长良好，要求土层深厚、肥沃，尤喜湿润且排水良好的地方，不耐涝，对土壤干旱较敏感。对二氧化硫、氯气、氟化氢等有害气体抗性较弱。

【景观应用】郊区、风景区绿化中的重要树种。树冠呈圆锥形，姿态优美，叶色秀丽，秋叶转棕褐色，甚为美观。适宜在园林中丛植、列植或孤植，也可成片林植。生长迅速。

4. 南方红豆杉 *彩版图 1-4*

***Taxus wallichiana* var. *mairei*（Lemée et H. Lév.）L. K. Fu et Nan Li**

【别名及科属】别名：美丽红豆杉、血榧。红豆杉科红豆杉属。

【形态特征】常绿乔木，高达 30m，胸径达 60~100cm。树皮灰褐色、红褐色或暗褐色，裂成条片脱落。叶排列成 2 列，条形，微弯或较直，上面深绿色，有光泽，下面淡黄绿色，有 2 条气孔带。雄球花淡黄色；雌球花的胚珠单生于花轴上部侧生短轴的顶端，基部有圆盘状假种皮。种子生于杯状红色肉质的假种皮中，间或生于近膜质盘状的种托（即未发育成肉质假种皮的珠托）之上，常呈卵圆形，上部渐窄，微扁或圆，上部常具 2 钝棱脊。

【保护价值及现状】国家一级重点保护野生植物。中国特有树种。

【地理分布】产于四川以及甘肃南部、陕西南部、云南东北部及东南部、贵州西部及东南部、湖北西部、湖南东北部、广西北部和安徽南部（黄山），常生于海拔 1000m 以上的高山上部。

【生物学特性】球花 3~4 月开放，果翌年 8~10 月成熟。种子有明显后熟期，播种前需进行催芽处理。耐阴，喜温暖湿润气候，耐寒性较强，适宜富含有机质的湿润土壤。

【栽培要点】播种、扦插繁殖。不耐高温，不宜种植在开阔场所，忌干旱水涝。

【景观应用】树形端正，可孤植或群植，又可植为绿篱用，适合于整剪为各种雕塑物式样。

5. 鹅掌楸 *彩版图 1-5*

Liriodendron chinense（**Hemsl.**）**Sargent.**

【**别名及科属**】别名：马褂木、鸭脚板树。木兰科鹅掌楸属。

【**形态特征**】乔木，高达 40m，胸径 1m 以上。小枝灰色或灰褐色。叶马褂状，近基部每边具 1 侧裂片，先端具 2 浅裂，下面苍白色。花杯状；花被片 9，外轮 3 片绿色，萼片状，向外弯垂，内两轮 6 片，直立，花瓣状、倒卵形，长 3～4cm，绿色，具黄色纵条纹；花药长 10～16mm，花丝长 5～6mm，花期雌蕊群超出花被之上，心皮黄绿色。聚合果长 7～9cm；具翅的小坚果长约6mm，顶端钝或钝尖，具种子 1～2。

【**保护价值及现状**】国家二级重点保护野生植物。国家珍贵树种，古老稀有的孑遗植物，在研究古植物学和植物区系地理方面有重要的科学价值。多零星分布，天然更新能力弱，现存自然资源稀少。

【**地理分布**】产于陕西、安徽、浙江、江西、福建、湖北、湖南、广西、四川、贵州、云南等地，中国台湾有栽培。生于海拔 900～1000m 的山地林中。越南北部也有分布。

【**生物学特性**】10～15 龄进入开花结实期，有雄蕊先熟现象。花期 5～6 月，9～10 月果熟，播种繁殖。喜光，喜温和湿润气候，有一定的耐寒性，可经受 -15℃ 低温而完全不受伤害。生长速度中等，幼龄期稍耐阴，后需光量渐增至全光照。鹅掌楸常有孤雌生殖现象，人工辅助授粉可增加有效种子量。种子经湿沙层积催芽至翌年春播，2～3 龄苗即可出圃栽培。

【**栽培要点**】播种、扦插繁殖。喜深厚肥沃、适湿而排水良好的酸性或微酸性土壤（pH 4.5～6.5），在干旱土地上生长不良，

亦忌低湿水涝。北方冬天需要适当进行防护。

【景观应用】树形端正，叶形奇特，是优美的庭荫树和行道树种。花淡黄绿色，秋叶呈黄色，很美丽。可独栽或群植。

6. 观光木 彩版图 1-6
Tsoongiodendron odorum Chun

【别名及科属】别名：钟氏木、观光木兰、香花木。木兰科观光木属。

【形态特征】常绿乔木，高达 25m。树皮淡灰褐色，具深皱纹。小枝、芽、叶柄、叶面中脉、叶背和花梗均被黄棕色糙伏毛。叶片厚膜质，倒卵状椭圆形，中上部较宽，顶端急尖或钝，基部楔形，上面绿色，有光泽；侧脉每边 10～12 条，中脉、侧脉、网脉在叶面均凹陷；叶柄基部膨大；托叶痕达叶柄中部。花蕾的佛焰苞状苞片一侧开裂，被柔毛，芳香；花被片象牙黄色，有红色小斑点，狭倒卵状椭圆形。聚合果长椭圆体形，垂悬于具皱纹的老枝上；外果皮橄绿色，有苍白色孔，干时深棕色，具显著的黄色斑点；果瓣厚；果梗长宽几相等。种子椭圆体形或三角状倒卵圆形。

【保护价值及现状】国家二级重点保护野生植物。中国特有的单种属珍贵树种。对研究该科的分类系统有一定的科学意义。分布虽广，但个体稀少，多零星分布，天然更新能力差，加之森林过度采伐，成年大树已十分罕见。

【地理分布】产于江西南部、湖南南部、云南南部、贵州以及福建、广西、广东、海南、中国香港等地，生于海拔 500～1000m 的山地林中。

【生物学特性】花期 3～4 月，果期 10～12 月。幼树耐阴，长大后喜光。喜暖热湿润气候和肥沃土壤，不耐贫瘠与干旱。

【栽培要点】播种繁殖。适宜在温暖湿润的气候和有肥沃土壤的地方栽植。

【景观应用】树冠宽卵状，枝叶繁茂，树姿美而花芳香。可散植或成片种植。

7. 连香树 *彩版图 1-7*

Cercidiphyllum japonicum Sieb. et Zucc.

【别名及科属】别名：五君树、山白果。连香树科连香树属。

【形态特征】落叶大乔木，高 10~20m，少数达 40m。树皮灰色或棕灰色。小枝无毛，短枝在长枝上对生。芽鳞片褐色。叶生于短枝上的近圆形、宽卵形或心形，生于生长枝上的椭圆形或三角形，先端圆钝或急尖，基部心形或截形，边缘有圆钝锯齿，先端具腺体，两面无毛，下面灰绿色带粉霜，掌状脉 7 条直达边缘；叶柄无毛。雄花常 4 朵丛生，近无梗；苞片在花期红色，膜质，卵形；雌花 2~6，丛生。蓇葖果 2~4，荚果状，褐色或黑色，微弯曲，先端渐细，有宿存花柱。种子数颗，扁平四角形，褐色，先端有透明翅。

【保护价值及现状】国家二级重点保护野生植物。中国和日本间断分布的第三纪孑遗植物，对阐明第三纪植物区系起源以及中国与日本植物区系的关系有科研价值。由于分布区域狭窄，生境破坏后致使分布区更加缩小，加之生长缓慢，结实率低，天然更新能力差，野生种群已十分稀少。

【地理分布】产于山西西南部，河南、陕西、甘肃、安徽、浙江、江西、湖北、湖南、贵州、云南、四川。日本也有分布。

【生物学特性】花期 4~5 月，果期 9~10 月。喜光，喜温暖气候及肥沃土壤，不耐高温、干旱的气候和瘠薄、潮湿的土壤。生长缓慢，结实稀少。深根性树种，萌蘖性强，幼树耐阴。

【栽培要点】播种、扦插繁殖。耐阴性较强，幼树须长在林下弱光处，成年树要求一定的光照条件。宜采用排水良好的酸性土壤栽培。

【景观应用】树形优美，春叶紫色，秋叶黄色、红色、紫色，宜孤植或丛植于公园绿地。

8. 香樟 *彩版图 1-8*

Cinnamomum camphora（L.）J. Presl

【别名及科属】别名：樟树、小叶樟。樟科樟属。

【形态特征】常绿大乔木，高可达 30m，直径可达 3m。树冠广卵形。枝、叶及木材均有樟脑气味。树皮黄褐色，有不规则的纵裂。叶互生，卵状椭圆形，长 6～12cm，宽 2.5～5.5cm，先端急尖，基部宽楔形至近圆形，边缘全缘；离基三出脉，中脉在两面明显，侧脉及支脉脉腋上面明显隆起且下面有明显腺窝，窝内常被柔毛。圆锥花序腋生；花绿白色或带黄色。果卵球形或近球形，直径 6～8mm，紫黑色；果托杯状，具纵向沟纹。

【保护价值及现状】国家二级重点保护野生植物。重要的材用和特种经济树种，根、木材、枝、叶均可供提取樟脑、樟油。

【地理分布】大体以长江为分布的北界，南至两广及西南地区，尤以江西、浙江、福建、中国台湾等东南沿海地区为最多。垂直分布可达海拔 1000m。在自然界多见于低山、丘陵及村庄附近。朝鲜、日本亦产之。其他各国常有引种栽培。

【生物学特性】花期 4～5 月，果期 8～11 月。喜光，稍耐阴，喜温暖湿润气候，耐寒性不强，在 -18℃ 低温下幼枝受冻害。生长速度中等偏慢，幼年较快，中年后转慢。主根发达，深根性，能抗风。

【栽培要点】播种繁殖。萌芽力强，耐修剪。对土壤要求不严，而以深厚、肥沃、湿润的微酸性黏质土最好，较耐水湿，但不耐干旱、瘠薄和盐碱土。在地下水位高的平原生长扎根浅，易遭风害，且多早衰。

【景观应用】枝叶茂密，冠大荫浓，树姿雄伟。优良的城市绿化树种，广泛用做庭荫树、行道树、防护林及风景林。可植于池畔、水边、山坡、平地，在草地中丛植、群植或作背景树都很合适。吸毒、抗毒性能较强，故也可选作厂矿区绿化树种。

9. 闽楠 *彩版图 1-9*

Phoebe bournei（Hemsl.）Yen C. Yang J. W.

【别名及科属】别名：毛丝桢楠、光叶楠。樟科楠属。

【形态特征】常绿大乔木，高达 15~20m。树干通直。分枝少。老的树皮灰白色，新的树皮带黄褐色。小枝有毛或近无毛。叶革质或厚革质，披针形或倒披针形，长 7~13cm，宽 2~3cm，先端渐尖或长渐尖，基部渐狭或楔形，上面发亮，下面有短柔毛；脉上被伸展长柔毛，有时具缘毛。花序生于新枝中下部，被毛，圆锥花序。果椭圆形或长圆形，长 1.1~1.5cm，直径约 6~7mm；宿存花被片被毛，紧贴。花期 4 月，果期 10~11 月。

【保护价值及现状】国家二级重点保护野生植物，中国珍贵的用材树种，素以材质优良而闻名于国内外。在贵州梵净山、湖南绥宁黄双及大庸张家界、江西南部九连山、福建武夷山等地建有保护区，并将其作为造林树种，大量繁殖推广。湖南沅陵、江西崇义和福建三明已营造人工林。

【地理分布】产于江西、福建、湖南、湖北、广东以及浙江南部、广西北部及东北部、贵州东南及东北部。野生的多见于山地沟谷阔叶林中。

【生物学特性】喜温暖湿润气候及肥沃、湿润而排水良好之中性或微酸性土壤。中性树种，生长速度缓慢，寿命长。深根性，有较强的萌蘖力，幼时耐阴性较强。

【栽培要点】播种繁殖。种子失水后寿命很短，采回果实宜立即洗净阴干，湿沙贮藏或随采随播，忌堆积曝晒。楠木愈伤速度较慢，故一般不进行剪枝，以免引起病害。

【**景观应用**】树干高大端直，树冠雄伟，宜作庭荫树及风景树用，在产区园林及寺庙中常见栽培。

10. 浙江楠 彩版图 1-10

Phoebe chekiangensis C. B. Shang

【别名及科属】别名：浙江紫楠、浙紫楠。樟科楠属。

【形态特征】常绿大乔木，高达 20m，胸径达 50cm。树干通直。树皮淡褐黄色，薄片状脱落，具明显的褐色皮孔。小枝有棱，密被黄褐色或灰黑色柔毛或绒毛。叶革质，倒卵状椭圆形或倒卵状披针形，少为披针形，长 7~17cm，先端突渐尖或长渐尖，基部楔形或近圆形，上面初时有毛，后变无毛或完全无毛，下面被灰褐色柔毛；脉上被长柔毛。圆锥花序长，密被黄褐色绒毛。果椭圆状卵形，长 1.2~1.5cm，熟时外被白粉；宿存花被片革质，紧贴。种子两侧不等，多胚性。

【保护价值及现状】国家二级重点保护野生植物。其木材坚韧致密，有光泽和香气，是楠木类中材质较佳的一种，也是优良的园林绿化树种。由于其天然野生资源稀少，再加上人为砍伐，现存自然资源已接近枯竭。

【地理分布】产于浙江西北部及东北部、福建北部、江西东部，生于山地阔叶林中。

【生物学特性】花期 4~5 月，果期 9~10 月。耐阴树种，但到壮龄期要求适当的光照条件。喜温暖湿润气候及肥沃、湿润而排水良好之中性或微酸性土壤，有一定的耐寒能力。具有深根性，抗风能力强。

【栽培要点】播种、扦插繁殖。深根性树种，萌芽性强，生长较慢，幼苗需要遮阴。主根明显，须根多而密，土壤要求深厚肥沃、排水良好。土壤质地最好是沙壤土、壤土或轻黏土。

【景观应用】树体高大通直，端庄美观，枝叶繁茂多姿，宜作庭荫树、行道树或风景树，或在草坪中孤植、丛植，也可在大型建筑物前后配置。

11. 莲 彩版图 1-11
Nelumbo nucifera Gaertn.

【别名及科属】别名：荷花、芙蓉、菡萏、莲花。莲科莲属。

【形态特征】多年生水生草本。根状茎横生，肥厚，节间膨大，内有多数纵行通气孔道，节部缢缩，上生黑色鳞叶，下生须状不定根。叶圆形，盾状，直径 25~90cm，全缘稍呈波状，上面光滑，具白粉；下面叶脉从中央射出，有 1~2 次叉状分枝；叶柄粗壮，圆柱形，长 1~2m，中空，外面散生小刺。花梗和叶柄等长或稍长，也散生小刺；花芳香，红色、粉红色或白色。坚果椭圆形或卵形；果皮革质，坚硬，熟时黑褐色。种子（莲子）卵形或椭圆形；种皮红色或白色。

【保护价值及现状】国家二级重点保护野生植物。可用于药用及园艺造景，集食用、药用和观赏于一身，具有很高的经济价值。

【地理分布】产于中国南北各地。自生或栽培在池塘或水田内。俄罗斯、朝鲜、日本、印度、越南、亚洲南部和大洋洲均有分布。

【生物学特性】花期 6~8 月，果期 8~10 月。喜温暖湿润，相对稳定的静水，最适生长温度为 20~30℃。喜光，不耐阴，在强光下生长发育快，开花早。对土壤选择不严，以富含有机质的肥沃黏土为宜，pH 为 6.5 左右。

【栽培要点】播种、分株繁殖。病虫害少，抗氟能力强，对二氧化硫毒气有一定抗性。地下茎和根对含有强度酚、氰等有毒的污水抗性较低，宜种植在光照充足、水污染较轻的水域。

【景观应用】花大色丽，清香远溢，清波翠盖。多布置在水景当中，宜园林池塘及湿地公园的水面中栽植。

12. 杜仲 彩版图 1-12

Eucommia ulmoides Oliv.

【别名及科属】别名：扯丝木、鬼仙木。杜仲科杜仲属。

【形态特征】落叶乔木，高达 20m，胸径约 50cm。树皮灰褐色，粗糙，内含橡胶，折断拉开有多数细丝。嫩枝有黄褐色毛，不久变秃净；老枝有明显的皮孔。叶椭圆形、卵形或矩圆形，薄革质，上面暗绿色下面淡绿色，边缘有锯齿。花生于当年枝基部；雄花无花被；雌花单生，苞片倒卵形。翅果扁平，长椭圆形，周围具薄翅；坚果位于中央，稍凸起。种子扁平，线形，两端圆形。

【保护价值及现状】国家二级重点保护野生植物。国家珍贵树种。中国特有的单属科、单种属植物，在研究被子植物系统演化上有重要的科学价值。因树皮的药用价值而屡遭破坏，且自然繁殖力弱，野生植株已极少见。

【地理分布】分布于陕西、甘肃、河南、湖北、四川、云南、贵州、湖南及浙江等地区，现各地广泛栽种。自然分布于年平均气温 13~17℃ 及年降水量 1000mm 左右、海拔 300~500m 的低山、谷地或低坡的疏林里。

【生物学特性】通常 3 月底萌芽抽梢、开花，10 月果实成熟。喜温凉、湿润、阳光较充足、土层深厚、疏松、排水良好的生态环境。根系较浅而侧根发达，萌蘖性强。

【栽培要点】播种、扦插、压条、分蘖和根插繁殖。喜光，不耐荫蔽，喜温暖湿润气候及肥沃、湿润、深厚而排水良好之土壤。耐寒力较强（能耐 -20℃ 的低温），在酸性、中性及微碱性土上均能正常生长，并有一定的耐盐碱性。在过湿、过干或过于贫

瘠的土壤上生长不良。

【景观应用】树干端直，枝叶茂密，树形整齐优美，是良好的庭荫树和行道树，可孤植、散植或混植于公园绿地当中。

13. 红椿 彩版图 1-13

***Toona ciliata* Roem.**

【别名及科属】别名：红楝子、紫椿。楝科香椿属。

【形态特征】落叶大乔木，高逾 20m。小枝初时被柔毛，渐变无毛，有稀疏的苍白色皮孔。叶为偶数或奇数羽状复叶，通常有小叶 7~8 对；小叶对生或近对生，纸质，长圆状卵形或披针形，不等边，边全缘，两面均无毛或仅于背面脉腋内有毛。圆锥花序顶生；花长约 5mm，具短花梗。蒴果长椭圆形，木质，干后紫褐色，有苍白色皮孔，长 2~3.5cm。种子两端具翅；翅扁平，膜质。

【保护价值及现状】国家二级重点保护野生植物。中国珍贵用材树种之一，有中国桃花心木之称。

【地理分布】产于福建、湖南、广东、广西、四川和云南等地区，多生于低海拔沟谷林中或山坡疏林中。

【生物学特性】花期 4~6 月，果期 10~12 月。喜光，可耐半阴，喜温暖气候，耐寒性较差。对土壤要求不严，在干旱贫瘠的山坡能正常生长，喜深厚、肥沃、湿润、排水良好的酸性土或钙质土，尤其在土壤比较湿润而肥沃的黄壤或黄棕壤山地或溪涧旁的水湿地生长良好。

【栽培要点】播种、根插繁殖。生长迅速，要求深厚、肥沃、湿润且排水良好的酸性土壤栽植。

【景观应用】树体高大，树干通直，树冠开展，可作庭荫树和行道树，可散植或孤植。

14. 喜树 *彩版图 1-14*

Camptotheca acuminata Decne.

【别名及科属】别名：旱莲木、千丈树。蓝果树科喜树属。

【形态特征】落叶乔木，高逾20m。树皮灰色或浅灰色，纵裂成浅沟状。小枝圆柱形，平展，当年生枝紫绿色，有灰色微柔毛，多年生枝淡褐色或浅灰色，无毛，有很稀疏的圆形或卵形皮孔。叶互生，纸质，矩圆状卵形或矩圆状椭圆形，全缘，上面亮绿色，下面淡绿色，疏生短柔毛。头状花序近球形，直径1.5~2cm，常由2~9个头状花序组成圆锥花序，顶生或腋生；花淡绿色。翅果矩圆形，长2~2.5cm，顶端具宿存的花盘，两侧具窄翅，幼时绿色，干燥后黄褐色，着生成近球形的头状果序。

【保护价值及现状】国家二级重点保护野生植物。

【地理分布】分布于四川、安徽、江苏、河南、江西、福建、湖北、湖南、云南、贵州、广西、广东等长江以南各地及部分长江以北地区，垂直分布在海拔1000m以下。

【生物学特性】花期5~7月，果期9月。喜光，喜温暖湿润，不耐严寒和干燥，在年平均温度13℃~17℃、年降水量1000mm以上地区生长。对土壤酸碱度要求不严，在酸性、中性、碱性土壤中均能生长，在石灰岩风化的钙质土壤和板页岩形成的微酸性土壤中生长良好。

【栽培要点】播种繁殖。萌芽力强，适宜深厚肥沃湿润的土壤。抗病虫能力强，但耐烟性弱。

【景观应用】主干通直，树冠宽展，叶荫浓郁，可孤植或散植。在风景区中可与栾树、榆树、臭椿、水杉等混植。

15. 珙桐 *彩版图 1-15*

Davidia involucrata Baill.

【别名及科属】别名：鸽子树、水梨子、鸽子花。蓝果树科珙桐属。

【形态特征】落叶乔木，高 15~20m，稀达 25m。树皮深灰色或深褐色，常裂成不规则的薄片而脱落。幼枝圆柱形，当年生枝紫绿色，无毛，多年生枝深褐色或深灰色。叶纸质，互生，无托叶，常密集于幼枝顶端，阔卵形或近圆形，顶端急尖或短急尖，具微弯曲的尖头，基部心脏形或深心脏形，边缘有三角形而尖端锐尖的粗锯齿，上面亮绿色，初被很稀疏的长柔毛，渐老时无毛，下面密被淡黄色或淡白色丝状粗毛。两性花与雄花同株；由多数的雄花与 1 雌花或两性花组成近球形的头状花序，直径约 2cm，着生于幼枝的顶端；两性花位于花序的顶端，雄花环绕于其周围，基部具纸质、矩圆状卵形或矩圆状倒卵形花瓣状的苞片 2~3 枚，初淡绿色，继变为乳白色，后变为棕黄色而脱落。果实为长卵圆形核果，紫绿色具黄色斑点；外果皮很薄，中果皮肉质，内果皮骨质具沟纹。种子 3~5。

【保护价值及现状】国家一级重点保护野生植物。中国特有的单种属植物。第三纪古热带植物区系的孑遗种，对研究古植物区系和系统发育有重要的科学价值。由于森林砍伐破坏及挖掘野生苗栽植，野生资源日益减少。

【地理分布】分布于四川、贵州以及湖北西部、云南北部，生于海拔 1300~2500m 山地林中。

【生物学特性】花期 4 月，果期 8~10 月。喜半阴和温凉湿润气候，略耐寒。幼树耐荫蔽，在适宜的林地条件下自然更新良好。砍伐后萌芽能力很强，萌芽条可长成大树。

【栽培要点】播种、扦插繁殖。种子具有坚硬的外种皮，很难吸水膨胀，宜用温差交替法贮藏催芽。喜深厚、肥沃、湿润而排水良好的酸性或中性土壤，忌碱性和干燥土壤。不耐炎热和阳光曝晒。在北方过冬应适当保护，苗期每日直晒日光不能超4h，否则易枯萎。

【景观应用】树形高大端整，开花时白色的苞片远观似许多白色的鸽子栖于树端，蔚为奇观，故有"中国鸽子树"之称。宜植于温暖地带较高海拔地区的庭院、山坡、休疗养所、宾馆、展览馆前作庭荫树，并有象征和平的含义。

16. 伯乐树 *彩版图 1-16*

Bretschneidera sinensis Hemsl.

【别名及科属】别名：钟萼木、冬桃、南华木。伯乐树科伯乐树属。

【形态特征】落叶乔木，高 20～28m，胸径达 62cm。小枝有心脏形叶痕。奇数羽状复叶互生，长 40～60cm，叶柄长 10～20cm；小叶 7～15，菱状长圆形、长圆状披针形或卵状披针形，长 6～26cm，宽 3.5～9cm，边全缘，下面粉绿色至灰白色，被柔毛，小叶柄长 0.2～1cm。总状花序顶生，长 20～42cm；总花梗、花梗、花萼均被褐色绒毛；花直径约 4cm；花梗长 2～3cm；花萼钟形，5 齿裂；花瓣 5，倒卵形；粉红色雄蕊 5～9，短于花瓣，花药紫红色；雌蕊棒状，子房狭卵圆形，3 室，每室有 2 胚珠。蒴果木质，长 2～4cm，成熟时棕色，3 瓣裂。种子近球形，橙红色。

【保护价值及现状】国家一级重点保护野生植物。国家珍贵树种，古老的单型科残遗种植物。在研究被子植物的系统发育和古地理等方面有科学价值。伯乐树在中国分布虽较广，但多零星散生，间断分布，且生境特殊，结实少，自然更新能力较差，加之森林的过度开发利用，野生植株越来越少，昆明植物园等科研部门已引种栽培，主要分布地也建立了自然保护区。

【地理分布】产于云南、四川、贵州、广西、广东、湖北、湖南、江西、浙江、福建和中国台湾，生于低海拔至中海拔的山地林中。越南、老挝、泰国也有分布。

【生物学特性】花期 5～6 月，果熟期 9～10 月。喜温凉、潮湿气候，喜肥沃、排水良好的酸性土壤。幼树稍耐荫蔽，成龄树喜光照充足。

【栽培要点】播种繁殖。成熟饱满的果实自然阴干开裂后，将洗净橘红色外种皮的种子用湿沙贮藏至翌年春天，按育苗常规播种就能成苗。幼年耐阴，深根性，抗风力较强，稍能耐寒，但不耐高温。

【景观应用】冠大荫浓，树干通直，花大，初夏盛开时满树粉红如霞。宜与其他树种进行混植。

二、特色植物

1. 铁坚油杉 彩版图 2-1

Keteleeria davidiana（Bertr.）Beissn.

【别名及科属】别名：天枞树、泡杉、青岩油杉。松科油杉属。

【形态特征】乔木。一年生枝淡黄灰色或灰色，常有毛。顶芽卵圆形，芽端微尖。叶在侧枝上排成 2 列，叶端钝或微凹陷；两面中脉隆起。球果直立，圆柱形；种鳞边缘有缺齿，先端反曲，鳞背露出部分无毛或仅有疏毛。花期 4 月，种子 10 月成熟。

【生长习性】喜温凉湿润的气候条件，能耐低温，不耐干旱，也不适应盐碱地及长期积水地。

【栽培要点】播种繁殖。喜光树种，初期稍耐荫蔽，后期需光性增强。幼龄阶段主要长粗壮的主根。在干旱的丘陵和瘠薄的山地，容易发生落叶病和提早封顶。要求深厚肥沃、排水良好的中性或酸性沙质壤土。

【景观应用】良好的行道树和园林观赏树种，可孤植或散植于庭院中。

2. 黄枝油杉 *彩版图 2-2*

Keteleeria carcarea Cheng et L. K. Fu.

【别名及科属】别名：黄毛杉、岩杉、贵州油杉。松科油杉属。

【形态特征】乔木，高 20m，胸径 80cm。树皮黑褐色或灰色，纵裂成片状剥落。小枝无毛或近于无毛，叶脱落后留有近圆形叶痕。叶条形，在侧枝上排 2 列，先端钝或微凹陷，基部楔形；两面中脉隆起。鳞苞中部微窄，下部稍宽，上部近圆形，先端 3 裂，边缘有不规则的细齿。种翅中下部或中部较宽，上部较窄。花期 4~5 月，种子 10~11 月成熟。

【生长习性】耐干旱贫瘠，常生于石灰岩丘陵。对土壤要求不严，在钙质土、黄壤和红壤上均能生长。

【栽培要点】播种繁殖。球果在每年 10 月下旬至 11 月上旬成熟，宜及时采收。采后阴干脱种，选取饱满的种子沙藏或袋藏，翌年 3 月播种。幼苗期需遮阴并要防治根腐病。

【景观应用】常用于石灰岩地区荒坡造林，也是优良的庭院观赏树种。

3. 雪松 *彩版图 2-3*

Cedrus deodara Loud.

【别名及科属】别名：刺松、宝塔松、番柏。松科雪松属。

【形态特征】常绿乔木，高达 50~72m，胸径达 3m。树冠圆锥形。树皮灰褐色，鳞片状裂。叶针状，质硬，灰绿色或银灰色，宽与厚相等，在长枝上散生，短枝上簇生。雌雄异株；雄球花椭圆状卵形，雌球花卵圆形。球果椭圆状卵形，顶端圆钝，熟时红褐色。花期 10~11 月，球果翌年 9~10 月成熟。

【生长习性】浅根性、喜光树种，有一定耐阴能力，但最好顶端有充足的光热，否则生长不良。幼苗期耐阴力较强。喜土层深厚而排水良好的土壤，能生长于微酸性及微碱性土壤上，亦能生于瘠薄地和黏土地，但忌积水。

【栽培要点】播种、扦插及嫁接繁殖。

【景观应用】树体高大，树形优美，为世界著名的观赏树种。适宜孤植于草坪中央、建筑前庭之中心、广场中心或主要大建筑物的两旁及园门的入口处。

4. 池杉 *彩版图 2-4*

Taxodium distichum Rich.

【别名及科属】别名：池柏。杉科落羽杉属。

【形态特征】落叶大乔木，在原产地高达25m。树干基部膨大，常有屈膝状的吐吸根。树皮褐色，纵裂成长条片脱落。树冠常较窄。叶多钻形，略内曲，常在枝上螺旋状伸展，球果圆球形或长圆状球形，熟时黄褐色。种子不规则三角形，红褐色。花期3~4月，球果10~11月成熟。

【生长习性】强喜光性，不耐阴，耐涝，又较耐旱。枝干富韧性，加之冠形窄，故抗风力颇强、萌芽力强。喜温暖湿润气候和深厚疏松之酸性、微酸性土，对碱性土颇敏感。

【栽培要点】播种、扦插繁殖。最好选用优良母树，建立种子园和采穗园。扦插育苗分硬枝扦插、嫩枝扦插两种。

【景观应用】观赏价值很高的园林树种。树形优美，枝叶秀丽婆娑，秋叶棕褐色。适水滨湿地成片栽植，孤植或丛植为园景树，也可构成园林佳景。

5. 竹柏 *彩版图 2-5*

Nageia nagi **Kuntze.**

【别名及科属】别名：船家树、铁甲树、猪油木。罗汉松科竹柏属。

【形态特征】常绿乔木，高 20m。树冠圆锥形。叶对生，革质，形状与大小似竹叶。雄球花穗状圆柱形，单生于叶腋；雌球花基部有数枚苞片，花后苞片不肥大成肉质种托。种子 10 月成熟，熟时紫黑色，外被白粉；种托不膨大，木质。花期 3~5 月。果 10 月成熟。

【生长习性】喜温热湿润气候，耐阴性树种。在排水好而湿润、富含腐殖质的深厚且呈酸性的沙壤或轻粘壤上生长良好。对石灰岩山地不能适应，在贫瘠、干旱、浅薄土壤生长缓慢。

【栽培要点】播种和扦插繁殖。种子含油多，不宜久藏，最好采后即播，忌曝晒。病虫害的防治以预防为主。

【景观应用】林园树种，枝叶青翠有光泽，树冠浓郁，树形美观。

6. 罗汉松 彩版图 2-6

Podocarpus macrophyllus D. Don.

【别名及科属】别名：罗汉杉、土杉、南罗汉。罗汉松科罗汉松属。

【形态特征】乔木，高达 20m，胸径达 60cm。树皮灰色，浅裂呈薄鳞片状脱落。叶条状披针形，叶端尖，叶表暗绿色有光泽，叶背淡绿色或粉绿色；两面中脉显著。3~5 雄球花簇生叶腋；雌球花单生于叶腋。种子卵形，未熟时绿色，熟时紫色，外被白粉；种托肉质，椭圆形，初时深红色后变紫色，略甜，可食。花期 4~5 月，种子 8~11 月成熟。

【生长习性】喜温暖湿润气候，耐寒性弱，耐阴性强，对二氧化硫、硫化氢、氧化氮等多种污染气体抗性较强，抗病虫害能力强。喜排水良好、湿润的沙质壤土，对土壤适应性强，盐碱土上亦能生存。

【栽培要点】播种、扦插繁殖。种子发芽率 80%~90%。扦插适宜在梅雨季。主要病害有叶斑病和炭疽病。

【景观应用】树形优美，宜孤植作庭荫树或对植、散植于庭、堂之前。

7. 白玉兰 彩版图 2-7

Magnolia denudata Desr.

【别名及科属】别名：玉兰、望春花、木花树。木兰科木兰属。

【形态特征】落叶乔木，高 25m。叶倒卵形、宽倒卵形或倒卵状长圆形，先端宽圆或平截，具突尖，基部楔形，下部疏被柔毛；侧脉 8~10 对。花白色，芳香，先于叶开放；花被片 9。聚合果圆柱形，弯弓，部分果不发育；蓇葖果木质，褐色。花期 3 月，果期 8~9 月。

【生长习性】喜光，稍耐阴，颇耐寒。喜肥沃、适当湿润而排水良好的弱酸性土壤（pH 5.0~6.0），但亦能生长于碱性土（pH 7.0~8.0）中。根肉质，畏水淹。

【栽培要点】播种、扦插、压条及嫁接繁殖。玉兰是抗病性较强的树种，主要病害有炭疽病、黄化病和叶片灼伤病。

【景观应用】花大、洁白而芳香，是中国著名的早春花木，因为开花时无叶，故有"木花树"之称。适宜列植堂前，点缀中庭。

8. 荷花玉兰 彩版图 2-8

Magnolia grandiflora L.

【别名及科属】别名：广玉兰、洋玉兰、大花玉兰。木兰科木兰属。

【形态特征】常绿乔木，高 30m。树冠阔圆锥形，冠幅逾10m。芽及小枝有锈色柔毛。叶倒卵状长椭圆形，革质，叶端钝，叶基楔形，叶表有光泽，叶背有铁锈色短柔毛，有时具灰毛。花杯形，白色，极大，直径达 20~25cm，有芳香。聚合果圆柱状卵形，密被锈色毛。种子红色。花期 3~4 月，果期 9~10 月。

【生长习性】喜阳光，亦颇耐阴，可谓弱耐阴树种。喜温暖湿润气候，亦有一定的耐寒力。喜肥沃润湿而排水良好的土壤，不耐干燥及石灰质土。在土壤干燥处则生长变慢且叶易变黄，在排水不良的黏性土和碱性土上也生长不良，总之以肥沃湿润、富含腐殖质的沙壤土生长最佳。

【栽培要点】播种、扦插、压条、嫁接等繁殖。越冬最低温度需在 5℃ 以上。

【景观应用】叶厚而有光泽，花大芳香，树姿雄伟壮丽，其聚合果成熟后，蓇葖果开裂露出鲜红色的种子也颇美观。最宜单植在宽旷的草坪上或配植成观花的树丛。

9. 二乔玉兰 彩版图 2-9

Magnolia × soulangeana

【别名及科属】别名：朱砂玉兰、苏郎木兰。木兰科木兰属。

【形态特征】玉兰与紫玉兰的杂交种。落叶小乔木或灌木，高7~9m。叶倒卵形至卵状长椭圆形。花大，呈钟状，内面白色，外面淡紫，有芳香；花萼似花瓣，但长仅达其半，亦有小型而绿色者。叶前开花，花期4~5月。

【生长习性】喜阳光和温暖湿润的气候。对温度很敏感。南北花期可相差4~5个月，即使在同一地区，每年花期早晚变化也很大。对低温有一定的抵抗力。

【栽培要点】常用嫁接、扦插和压条繁殖。

【景观应用】城市绿化的极好花木。花大色艳，观赏价值很高，广泛用于公园、绿地和庭园等孤植观赏。

10. 紫玉兰 彩版图2-10

Magnolia liliflora Desr.

【别名及科属】别名：辛夷、木笔、木兰。木兰科木兰属。

【形态特征】落叶灌木，高4m。干丛生。小枝紫褐色，皮孔明显。叶椭圆状倒卵形，先端骤尖或渐尖，基部渐窄。花蕾被淡黄色绢毛，酷似倒毛笔；花叶同放或稍早于叶先开；花形钟状；花梗粗壮；花被片9，紫红色。聚合果圆柱形，常弯弓。花期3~4月，果期8~9月。

【生长习性】喜温暖湿润和阳光充足环境，较耐寒、不耐旱和盐碱，怕水淹。

【栽培要点】分株、压条和播种繁殖。要求肥沃、排水好的沙壤土。

【景观应用】早春开花时，满树紫红色花朵，幽姿淑态，别具风情。适用于古典园林中厅前院后配植，也可孤植或散植于小庭院内。

11. 桂南木莲 彩版图2-11

Manglietia chingii Dandy.

【**别名及科属**】别名：苍背木莲、牛耳南、细柄木莲。木兰科木莲属。

【**形态特征**】常绿乔木，高可达20m。树皮灰色，光滑。芽、嫩枝有红褐色短毛。叶革质，倒披针形或狭倒卵状椭圆形。花蕾卵圆形；花梗细长，向下弯垂。聚合果卵圆形，长4～5cm；菁葖果具疣点凸起，顶端具短喙。种子内种皮具凸起点。花期5～6月，果期9～10月。

【**生长习性**】幼年耐阴，成长后喜光。喜温暖湿润气候及深厚肥沃排水良好的酸性土。

【**栽培要点**】以播种繁殖为主。果实于9至10月成熟，去掉红色假种皮的种子为黑色。处理好的种子应被湿沙贮藏，切勿曝晒。

【**景观应用**】良好的园林观赏树种，宜与其他花木混植。

12. 乐昌含笑 彩版图 2-12

Michelia chapensis Dandy.

【别名及科属】别名：大叶含笑、光叶含笑、景烈白兰。木兰科含笑属。

【形态特征】常绿乔木，高 15～30m，胸径 1m。干皮褐色，平滑。小枝无毛。叶倒卵形，叶端突尾尖，叶基阔楔形；叶柄上无托叶痕。花淡黄色，芳香；花被片 6，长约 3cm。聚合果长约 10cm。花期 3～4 月，果期 8～9 月。

【生长习性】喜光但较耐阴，生长较快，适应性强，耐干旱，抗大气污染力较强。

【栽培要点】播种繁殖。在室内或温暖地区，可于早春 2 月播种；在室外或寒冷地区，一般在 3 月土壤解冻后播种。喜肥沃湿润而排水良好的土壤。

【景观应用】树冠圆锥状，花多、花期长而芳香，树干挺拔，树荫浓郁，花香醉人，可孤植或丛植于园林中。

13. 金叶含笑 彩版图 2-13

Michelia foveolata **Merr.**

【别名及科属】别名：长柱含笑、大兰树、香糊楠。木兰科含笑属。

【形态特征】常绿乔木，高达 30 m。叶厚革质，长圆状椭圆形、椭圆状卵形或阔披针形，叶端短渐尖或渐尖，叶基阔楔形、圆形或近心形，常两侧不对称，叶表深绿有光泽，叶背具红褐色短绒毛。花乳黄色；花被片 9~12。花期 4~5 月，果期 9~10 月。

【生长习性】喜光且耐阴，适生于暖热湿润气候，适应性强。耐干旱贫瘠，不择土壤，较耐寒，抗空气污染能力强，生长较迅速。

【栽培要点】由于天然更新能力差，野生资源遭砍伐而急剧减少，有濒临灭绝的危险，用播种和嫁接繁殖。

【景观应用】常列植，用于道路绿化，但群植或孤植用于园林配景，并不失其形、色、香、韵之妙。若将之与落叶树种间种或混栽，则常绿与落叶互补，金黄色与绿色相映，更显得妩媚动人和妙趣横生。

14. 深山含笑 彩版图 2-14

Michelia maudiae **Dunn.**

【别名及科属】别名：大花含笑、大叶楠光、叶白兰。木兰科含笑属。

【形态特征】常绿乔木，高达 20m。各部均无毛。树皮薄，浅灰色或灰褐色。芽、嫩枝、叶下面、苞片均被白粉。叶革质，长圆状椭圆形，很少卵状椭圆形，先端骤狭而短渐尖或短渐尖而尖头钝，基部楔形、阔楔形或近圆钝，上面深绿色，有光泽，下面灰绿色，被白粉。花被片 9，纯白色。聚合果长 7~15cm，果顶端圆钝或具短凸尖头。种子红色，斜卵圆形，稍扁。花期 2~3月，果期 9~10 月。

【生长习性】喜温暖湿润环境，有一定耐寒能力。喜光，幼时较耐阴。自然更新能力强，生长快，适应性广。抗干热，对二氧化硫的抗性较强。喜土层深厚、疏松、肥沃而湿润的酸性沙质土。

【栽培要点】播种繁殖。种子可随采随播。苗木易染根腐病、茎腐病、炭疽病；易被蛴螬、地老虎等地下害虫啃咬幼苗根茎部；易感染介壳虫。

【景观应用】庭园观赏树种，早春优良芳香观花树种，叶鲜绿，花纯白色，艳丽。

15. 阔瓣含笑　彩版图 2-15

Michelia platypetala Hand. -Mazz.

【别名及科属】别名：阔瓣白兰花、云山白兰花、广东香子。木兰科含笑属。

【形态特征】常绿乔木，高达 20m，胸径 50cm。嫩枝、芽、嫩叶均被红褐色绢毛。叶薄革质，先端渐尖或骤狭而短渐尖，基部宽楔形或圆钝，下面被灰白色或杂有红褐色平伏微柔毛。白花。蓇葖果无柄，长圆体形，顶端圆，基部无柄，有灰白色皮孔，常背腹两面全部开裂。种子淡红色，扁宽卵圆形或长圆体形。花期 3~4 月，果期 8~9 月。

【生长习性】喜温暖湿润气候，喜充足的光照，亦耐半阴，但幼树喜偏阴的环境。喜土层深厚、疏松、肥沃、排水良好、富含有机质的酸性至微碱性土壤。

【栽培要点】以扦插为主，也可嫁接、播种和压条繁殖。

【景观应用】主干挺秀，枝茂叶密，开花素雅。园林观赏或绿化造林用树种。孤植、丛植均佳，也可作盆栽观赏。

16. 檫木 彩版图 2-16

Sassafras tzumu（Hemsl.）Hemsl.

【别名及科属】别名：檫树、黄楸树、半枫樟。樟科檫木属。

【形态特征】落叶乔木，高达 35m，胸径 2.5m。树冠卵形或椭球形。树皮幼时绿色，不裂，老时深灰色，不规则纵裂。叶互生，多集生枝端，卵形，全缘或常 3 裂，背面有白粉。花黄色，有香气。果熟时蓝黑色而带有白蜡粉，着生于浅杯状的果托上。花期 2~3 月，叶前开放，果 7~8 月成熟。

【生长习性】喜光，不耐庇荫。喜温暖湿润气候及深厚而排水良好的酸性土壤。多生于山谷、山脚及缓坡之红壤或黄壤上。在陡坡土层浅薄处亦能生长，但水湿低洼处不能生长。

【栽培要点】可播种、分株繁殖，也可萌芽更新繁殖。檫木的主要病虫害有檫白轮蚧。

【景观应用】树干通直，叶片宽大而奇特，每当深秋叶变红黄色，春天又有小黄花开于叶前，颇为秀丽，是良好的城乡绿化树种。

17. 天葵 *彩版图 2-17*

Semiaquilegia adoxoides（DC.）**Makino**

【别名及科属】别名：紫背天葵。毛茛科天葵属。

【形态特征】多年生小草本。块根长 1~2cm，粗 3~6mm，外皮棕黑色。茎 15 条，被稀疏的白色柔毛，分歧。基生叶多数，为掌状三出复叶，叶片轮廓卵圆形至肾形。花小，直径 4~6mm；萼片白色，常带淡紫色。蓇葖果卵状长椭圆形。种子卵状椭圆形，表面有许多小瘤状凸起。3~4 月开花，4~5 月结果。

【生长习性】耐寒忌热，喜阴湿，常野生于低山区路边和隙地荫蔽处。

【栽培要点】播种繁殖。忌积水，以排水良好、疏松肥沃的壤土栽培为好。

【景观应用】适应性强，可应用于地被景观。具有药用价值，也可用于药用植物园。

18. 芍药 彩版图 2-18

Paeonia lactiflora Pall.

【别名及科属】别名：将离、没骨花。芍药科芍药属。

【形态特征】多年生宿根花卉，株高 60~120cm。具粗大肉质根。茎簇生于根须，初生茎叶红褐色。叶为二回三出羽状复叶。花色多样，有白色、绿色、黄色、粉色、紫色及混合色；雄蕊多数，金黄色。蓇葖果，内含黑色大粒球形种子数颗。花期 4~5 月，果实 9 月成熟。

【生长习性】适应性强，耐寒，忌夏季炎热酷暑，喜阳光充足，也耐半阴。在土层深厚、肥沃而又排水良好的沙壤土上生长良好。

【栽培要点】分株、播种、根插等繁殖，其中分株简便，广泛采用。在春季虽可栽植，但栽后根系受损，吸收肥水能力较差，往往生长发育不旺。

【景观应用】常与牡丹结合建立专类园。配置花境、花坛及花台的良好材料。在林缘或草坪边缘可作自然式丛植或群植。也可作切花。

19. 睡莲 彩版图 2-19

Nymphaea tetragona **Georgi**

【别名及科属】别名：子午莲，水芹花。睡莲科睡莲属。

【形态特征】多年生水生花卉。根状茎粗短。叶丛生，近圆形或卵状椭圆形，纸质，直径 6~11cm，全缘，叶面浓绿，背面暗紫色；具细长叶柄。花色白，午后开放，夜间闭合。果实呈卵形至半球形，在水中成熟。种子小，椭圆形或球形，多数具假种皮。花期 6~9 月，果期 7~10 月。

【生长习性】喜强光、通风良好、水质清洁的环境。对土壤要求不严，pH6.0~8.0 均生长正常，但喜富含腐殖质的黏质土。

【栽培要点】一般采用分株繁殖，也可播种繁殖。栽培时应保持阳光充足、通风良好。施肥多采用基肥。

【景观应用】可用于美化平静的水面，也可用于盆栽观赏或作切花材料。

20. 南天竹 *彩版图 2-20*

Nandina domestica **Thunb.**

【别名及科属】别名：天竺、天独子、南烛子。小檗科南天竺属。

【形态特征】常绿灌木。干直立，少分枝。叶互生，二至三回羽状复叶；小叶椭圆状披针形，薄革质，全缘。圆锥花序顶生；花小，白色。浆果球形，鲜红色。种子扁圆形。花期5~7月，果期10~11月。

【生长习性】喜温暖多湿及通风良好的半阴环境，较耐寒。

【栽培要点】播种，可在果实成熟时随采随播。分株，宜在芽萌动前或秋季进行，可结合翻盆分株栽植。扦插，以新芽萌发前或夏季新梢停止生长时进行为好。

【景观应用】枝叶扶疏，秋冬时叶色变红，且红果累累，经久不落，为赏叶观果的优良树种。在古典园林中，常植于山石旁、庭屋前或墙角阴处。

21. 尖距紫堇 *彩版图 2-21*

Corydalis sheareri S. Moore

【别名及科属】别名：地锦苗、鹿耳草。紫堇科紫堇属。

【形态特征】多年生草本，株高 10~60cm。主根明显，具多数纤维根，棕褐色；根茎粗壮，干时黑褐色，被以残枯的叶柄基。叶片三角形，长 4.5~12cm。总状花序；花瓣粉红色或紫色。蒴果线形。花果期 4~5 月。

【生长习性】生于海拔 1600m 的山坡林下阴处或沟边。多年生，适应性强。耐潮湿，耐阴，也耐寒。

【栽培要点】播种繁殖。宜栽培于排水良好的土壤中。

【景观应用】可用于湖畔水边景观设置，也用于地被景观。

22. 羊蹄 *彩版图 2-22*

Rumex japonicus Houtt.

【**别名及科属**】别名：牛大黄、牛舌大黄、土大黄。蓼科酸模属。

【**形态特征**】多年生草本。茎直立，高 50～100cm。上部分枝，具沟槽。基生叶长圆形或披针状长圆形，长 8～25cm，宽 3～10cm，顶端急尖，基部圆形或心形，边缘微波状，下面沿叶脉具小凸起；茎上部叶狭长圆形，叶柄长 2～12cm，托叶鞘膜质，易破裂。花序圆锥状；花两性，多花轮生。瘦果宽卵形，具 3 锐棱，两端尖，暗褐色，有光泽。花期 5～6 月，果期 6～7 月。

【**生长习性**】生于海拔 30～3400m 的田边路旁、河滩、沟边湿地。适应性广，喜温暖湿润气候。

【**栽培要点**】播种繁殖。适宜土层深厚湿润、腐殖质含量高、排水良好的土壤栽培。

【**景观应用**】叶形美丽，花序独特，适合作为花境植物，也可与其他宿根花卉搭配种植。

23. 杠板归 *彩版图 2-23*

Plygonum perfoliatum **L.**

【别名及科属】别名：刺犁头。蓼科蓼属。

【形态特征】多年生攀援草本。茎有棱，红褐色，有倒生钩刺。叶互生，盾状着生；叶片近三角形，先端尖，基部近心形或截形，下面沿脉疏生钩刺；托叶鞘近圆形，抱茎；叶柄长，疏生倒钩刺。花序短穗状。瘦果球形，黑色，有光泽。花期 6~8 月，果期 9~10 月。

【生长习性】生于山谷、灌木丛中或水沟旁。耐低温半阴，适应性强。

【栽培要点】播种、扦插繁殖。

【景观应用】荒坡裸地覆盖先锋植物，亦可用于点缀野趣花园、蝴蝶花园。具有药用价值，可用于药用植物园。

24. 垂序商陆 彩版图 2-24

Phytolacca americana L.

【别名及科属】别名：洋商陆。商陆科商陆属。

【形态特征】草本，高 1~2m。根粗壮，肥大，倒圆锥形。茎直立，圆柱形，有时带紫红色。叶片椭圆状卵形或卵状披针形，顶端急尖，基部楔形；叶柄长 1~4cm。总状花序顶生或侧生；花白色，微带红晕。果序下垂；浆果扁球形，熟时紫黑色。种子肾圆形。花期 6~8 月，果期 8~10 月。

【生长习性】生长在疏林下、路旁和荒地。喜温暖湿润环境，宜疏松肥沃的沙壤土。适应性极强，被列入《中国自然生态系统外来入侵物种名单（第四批）》。

【栽培要点】播种、分株繁殖。梅雨季节需注意排水。

【景观应用】宜在庭院中栽培。成片布置坡地和阴湿隙地，可取得较好的观赏效果。

25. 野老鹳草 *彩版图 2-25*

Geranium carolinianum L.

【**别名及科属**】别名：鸭脚草。牻牛儿苗科老鹳草属。

【**形态特征**】一年生草本，高 20~60cm。根纤细，单一或分枝。茎直立或仰卧，单一或多数，具棱角，密被倒向短柔毛。叶片圆肾形，基部心形。花瓣淡紫红色，倒卵形。蒴果被短糙毛，果瓣由喙上部先裂向下卷曲。花期 4~7 月，果期 5~9 月。

【**生长习性**】常见于荒地、田园、路边和沟边。喜温暖湿润气候，耐寒、耐湿，喜阳光充足。

【**栽培要点**】分根、播种繁殖。以疏松、肥沃、湿润的壤土栽种为宜。

【**景观应用**】可作园林地被植物。

26. 千屈菜 彩版图 2-26

Lythrum salicaria L.

【**别名及科属**】别名：水枝柳、水柳。千屈菜科千屈菜属。

【**形态特征**】多年生草本。茎四棱形，直立多分枝。叶对生或轮生，披针形。长穗状花序顶生。小花多而密集，紫红色。蒴果扁圆形。花期 7~9 月，果期 9~10 月。

【**生长习性**】喜阳光。要求湿润、通风良好的环境，尤喜生长在沟旁水边。能耐寒。

【**栽培要点**】以分株繁殖为主，亦可扦插和播种繁殖。越冬前将枯枝剪掉，入冷室养护，并保持盆土潮湿。

【**景观应用**】宜盆栽，也可植于水边，或作花境材料。

27. 紫薇 *彩版图 2-27*

Lagerstroemia indica **L.**

【别名及科属】 别名：百日红、满堂红、痒痒树。千屈菜科紫薇属。

【形态特征】 落叶灌木或小乔木。树皮平滑，灰或灰褐色。枝干多扭曲；小枝纤细，具4棱，略成翅状。叶互生或对生，纸质，椭圆形或倒卵形。花淡红色、紫色或白色，常组成顶生圆锥花序；花梗被柔毛；花萼平滑无棱；花瓣6，皱缩，具长爪。蒴果椭圆状球形，成熟时紫黑色。花期6~9月，果期9~12月。

【生长习性】 喜光，稍耐阴，耐寒和高温能力一般。耐旱、忌涝，喜湿润肥沃、排水良好的壤土。寿命长，抗污染能力强。

【栽培要点】 扦插、播种繁殖。管理粗放，春季修剪造型，夏季薄肥勤施，雨季注意排水，冬季施复合肥，可剪枝造型，也可剪除全部枝条，促进春季新枝萌发。

【景观应用】 花期长，花艳丽而繁茂，枝条柔软伸展，多孤植、列植于公园、庭院、道路、池畔。

28. 芫花 彩版图 2-28

Daphne genkwa Sieb. et Zucc.

【别名及科属】别名：药鱼草、浮胀草、泥秋树。瑞香科瑞香属。

【形态特征】落叶灌木，高 0.3~1m。多分枝。树皮褐色，无毛。小枝圆柱形，细瘦，干燥后多具皱纹。叶对生，稀互生，纸质，卵形或卵状披针形至椭圆状长圆形。花紫色或淡蓝紫色，比叶先开放。果实肉质，白色，椭圆形。花期 3~5 月，果期 6~7 月。

【生长习性】宜温暖的气候，耐旱怕涝。

【栽培要点】播种、分株繁殖。以肥沃疏松的沙质土壤栽培为宜。

【景观应用】花、枝、果都有很高的观赏价值，观赏期长，春观花、夏观果、秋观枝，季相明显。园林多常见丛植、群植、散植、盆栽等。

29. 金边瑞香 彩版图 2-29

Daphne odora f. *marginata* Makino

【别名及科属】别名：露甲、蓬莱花、瑞兰。瑞香科瑞香属。

【形态特征】常绿直立灌木。枝粗壮，通常二歧分枝；小枝近圆柱形，紫红色或紫褐色，无毛。叶互生，纸质，长圆形或倒卵状椭圆形，先端钝尖，基部楔形，边缘全缘，两面无毛。花外面淡紫红色，内面肉红色；顶生头状花序。果实红色。花期 3~5 月，果期 7~8 月。

【生长习性】虽然喜半阴，但冬春应放在有阳光照到的环境中。生长期间如光照充足、肥效相宜，能使枝肉叶黛、花艳香浓。夏季应放在通风良好的阴凉处，炎热时要喷水降温。

【栽培要点】主要采用老枝和嫩枝扦插繁殖。盆栽时，盆土宜用疏松、富含腐殖质带微酸性的腐叶或山泥或冻酥塘土，掺拌适量的河沙和腐熟的饼肥。

【景观应用】金边玉叶，叶缘镶金边，整齐光亮，青翠浓绿，终年茂盛，四季可赏。花香浓郁四溢，满堂飘香，沁入心脾，有汇众花之精，集群香之灵之势。可整成球形观赏或盆栽。

30. 山茶 彩版图 2-30

Camellia japonica L.

【别名及科属】别名：耐冬、茶花、洋茶。山茶科山茶属。

【形态特征】灌木或小乔木。嫩枝无毛。叶革质，椭圆形，先端略尖，基部阔楔形，上面深绿色，干后发亮，无毛，下面浅绿色。花顶生，红色，无柄；苞片及萼片约10；花瓣6~7，外侧2片近圆形。蒴果圆球形，直径 2.5~3cm，2~3室，每室有种子1~2。花期1~4月。

【生长习性】喜温暖气候，略耐寒。喜空气湿度大，忌干燥。喜肥沃、疏松的微酸性土壤，pH 5.5~6.5 最佳。

【栽培要点】常用扦插、嫁接等方式繁殖。生长较缓慢，不宜过度修剪。

【景观应用】树冠多姿，叶色翠绿，花大艳丽，花色多样，花形各异。山茶花耐阴，可配置于疏林边缘、假山旁、亭台附近、林缘路旁等地。

31. 油茶 彩版图 2-31

Camellia oleifera Abel.

【别名及科属】别名：茶子树、白花茶、茶子心。山茶科山茶属。

【形态特征】小乔木或灌木，高达 7~8m。冬芽鳞片有黄色长毛。嫩枝略有毛。叶卵状椭圆形，叶缘有锯齿。花白色，1~3 花腋生或顶生；无花梗；萼片多数，脱落；花瓣 5~7，顶端 2 裂；雄蕊多数，外轮花丝仅基部合生。蒴果球形或卵形。花期 10~12 月，果翌年 9~10 月成熟。

【生长习性】喜温暖湿润气候，性喜光，幼年期较耐阴。喜酸性土，pH4.5~6 均能生长良好，不耐盐碱土。

【栽培要点】播种、扦插繁殖。主要病害有炭疽病、软腐病、根腐病。对土壤要求不严，较耐瘠薄土壤，但以深厚、排水良好的沙质土壤栽培为最宜。

【景观应用】叶常绿，花色纯白，能形成素淡恬静的气氛，可在园林中丛植或作花篱用，也是优良的防火树种。

32. 木荷 彩版图 2-32

Schima superba Gardn. et Champ.

【别名及科属】别名：回树、木艾树、木合油。山茶科木荷属。

【形态特征】常绿乔木，高 20～30m。树冠广卵形。树皮褐色，纵裂。嫩枝带紫色，略有毛。叶革质，卵状长椭圆形至矩圆形，叶端渐尖或短尖，叶基楔形，锯齿钝，叶背绿色无毛。花白色，芳香，单生于枝顶叶腋或成短总状。蒴果球形。花期 5 月，果 9～11 月成熟。

【生长习性】喜温暖湿润气候。喜光，幼年期较耐阴。对土壤适应性强，能耐干旱瘠薄土壤，但在深厚肥沃的酸性沙质土壤生长速度最快。

【栽培要点】播种繁殖。对大树养护时应注意剪除根际萌蘖。

【景观应用】树冠浓荫，花有芳香，可作庭荫树及风景林。由于叶片为厚革质，耐火烧，萌芽力又强，故可植作防火带树种。若与松树混植，还有防止松毛虫蔓延之效。

33. 地稔 彩版图 2-33

Melastoma dodecandrum Loureiro

【别名及科属】别名：铺地锦、山地菍、地脚菍。野牡丹科野牡丹属。

【形态特征】披散或匍匐状亚灌木。枝被疏粗毛。叶小，卵形至椭圆形，先端短尖，基部浑圆，叶面边缘、叶背脉上和叶柄均疏生粗毛。1~3 花生于枝梢，紫红色。浆果球形，熟时紫黑色。花期 4~11 月，果期 6 月以后。

【生长习性】野生于向阳草坡或疏林湿润地。喜酸性土壤。在含有腐殖质的荒野中，匍茎扩展较快。

【栽培要点】播种和扦插匍匐茎繁殖。

【景观应用】枝叶纤细，花大色艳，花期特长。可作盆栽观赏，也可与假俭草或地毯草混植，布置园林。亦可作地被植物。

34. 扁担杆 彩版图 2-34

Grewia biloba G. Don.

【别名及科属】别名：二裂解宝木、圪柏麻、葛荆麻。椴树科扁担杆属。

【形态特征】落叶灌木，高达 3m。小枝有星状毛。叶狭菱状卵形，长 4～10cm，先端尖，基部三出脉，广楔形至近圆形，缘有细重锯齿，表面几无毛，背面疏生星状毛。花序与叶对生；花淡黄绿色。果橙黄色至橙红色，无毛，2 裂，每裂有 2 核。花期 6～7 月，果 9～10 月成熟。

【生长习性】喜光，也略耐阴，耐瘠薄，不择土壤，常自生于平原、丘陵或低山灌丛中。

【栽培要点】播种、分株繁殖。幼苗易感染立枯病，病害发生时立即喷洒高锰酸钾 1000 倍液，喷药后立即喷水洗苗，以防药害。

【景观应用】良好的观果树种，果实橙红色，美丽，且宿存枝头达数月之久。宜于庭园丛植、篱植，或与山石配植，颇具野趣。果枝可作瓶插材料。

35. 中华杜英 彩版图 2-35

Elaeocarpus chinensis（Gardn. et Champ.）Hook. f. ex Benth.

【别名及科属】别名：桃榅、羊尿岛、华杜英、托盘槁、万年棕铁树。杜英科杜英属。

【形态特征】常绿乔木。叶薄革质，卵状披针形或披针形，先端渐尖，基部圆形，稀为阔楔形，上面绿色有光泽，下面有细小黑腺点，在芽体开放时上面略有疏毛，很快上下两面变秃净；侧脉 4~6 对，在上面隐约可见，在下面稍凸起，网脉不明显，边缘有波状小钝齿；叶柄纤细，幼嫩时略被毛。总状花序生于无叶的去年枝条上；花序轴有微毛；花两性或单性。核果椭圆形。花期 5~6 月，果期 10~11 月。

【生长习性】稍耐阴，喜温暖湿润气候，耐寒性不强。

【栽培要点】播种繁殖。适生于酸性之黄土壤和红黄壤山区，若在平原栽植，必须排水良好。

【景观应用】枝叶茂密，树冠圆整，宜于草坪、坡地、林缘、庭前、路口丛植，也可栽作其他花木的背景树，或列植成绿墙，起隐蔽遮挡及隔声作用。

36. 秃瓣杜英 彩版图 2-36

Elaeocarpus glabripetalus **Merr.**

【别名及科属】别名：光瓣杜英、棱枝杜英、圆枝杜英、假杨梅、阔瓣杜英、岩红。杜英科杜英属。

【形态特征】乔木。一年生枝红褐色，略具条棱，无毛。叶近膜质，倒披针形，钝尖，基部渐窄且下延，具小齿。花序生于无叶老枝上；花瓣白色，无毛，先端撕裂成 16~18 条；花药顶端具毛丛；花盘 5 裂；子房有毛。核果椭圆形，长 1~1.5cm；内果皮薄骨质，表面有浅沟纹。花期 6~7 月，果期 11 月。

【生长习性】生长迅速，适生于海拔 800m 以下，气候温暖、湿润、土层深厚肥沃、排水良好的山坡山脚。中性微酸性的山地红壤、黄壤上均可生长。喜光、深根性树种。

【栽培要点】播种繁殖。

【景观应用】本种干形通直，分枝整齐，树形美观、常绿，树冠间有红叶，生长快速，适于园林及行道树种植，是常用的园林树种。

37. 木芙蓉 *彩版图 2-37*

Hibiscus mutabilis L.

【别名及科属】别名：山芙蓉、白芙蓉、地芙蓉、芙蓉、芙蓉花。锦葵科木槿属。

【形态特征】落叶灌木或小乔木，高 2～5m。小枝、叶、花、萼、子房均密被星状毛与直柔毛。单叶互生；叶大，宽卵形或卵圆形，5～7 裂，裂片三角形，基部心形，宽 10～15cm，边缘具圆钝锯齿；掌状脉 7～11。花单生于枝端叶腋；初开时花冠白色或淡红色，后变深红色；小苞片 8，密被星状绒毛，基部合生；萼钟形，裂片 5，长约 2.5cm；雄蕊柱长 2.5～3cm，无毛。蒴果扁球形，被黄色刚毛及绒毛，直径约 2.5cm，开裂为 5 瓣。花期 8～10月，果期 11 月。

【生长习性】喜温暖湿润环境，不耐寒，忌干旱，耐水湿。对土壤要求不高，瘠薄土地亦可生长。

【栽培要点】播种、扦插繁殖。

【景观应用】花大而美丽，开于秋季，为我国重要的园林观赏树种。可丛植于墙边、路旁，也可成片栽于坡地；植于水滨时，波光花影，景色妩媚；种植在铁路、公路、沟渠边，既能护路、护堤，又可美化环境。

38. 算盘子 *彩版图 2-38*

Glochidion puberum（L.）Hutch.

【别名及科属】别名：金骨风、矮树树、矮志、矮子郎。大戟科算盘子属。

【形态特征】直立灌木，多分枝。全株均被短柔毛。叶纸质，长圆形或倒卵状长圆形。花小；雄花萼片6，长2.5~3.5mm，雄蕊3；雌花子房5~10室，花柱合生呈环状。蒴果扁球状，有8~10条纵沟，成熟时带红色，顶端具有环状而稍伸长的宿存花柱。种子近肾形，具3棱，长约4mm。花期4~8月，果期7~11月。

【生长习性】喜阳。生于海拔300~2200m（西南）。

【栽培要点】播种、扦插繁殖。对土壤无太大要求。

【景观应用】我国北方的山坡灌丛中或山路旁常见，也有栽培于庭园供观赏或药用的。

39. 乌桕 *彩版图 2-39*

Sapium sebiferum（L.）Roxb.

【别名及科属】别名：乌臼。大戟科乌桕属。

【形态特征】落叶乔木。树皮暗灰色。小枝细。叶菱状卵形，长 5~9cm，先端尾状长渐尖，基部宽楔形，秋季落叶前常变为红色。花序长 5~10cm；花黄绿色。果扁球形，直径 1.5cm，熟时黑褐色，3 裂。种子黑色，外被白蜡，固着于中轴上，经冬不落。花期 4~7 月，果期 10~11 月。

【生长习性】生长在海拔 1000m 以下，在云南可达 2000m。喜光，适温暖气候，耐水湿，多生于田边和溪畔，在土层深厚山地生长良好。宜钙质土，在酸性土及轻碱地生长也良好，但不耐干燥瘠薄土壤。

【栽培要点】播种繁殖。

【景观应用】树冠整齐，叶形秀丽，入秋叶色红艳可爱，宜植于水边、池畔、坡谷、草坪。冬日白色的乌桕子挂满枝头，经久不凋，也颇美观，园林绿化中可栽作护堤树、庭荫树及行道树。

40. 虎皮楠 彩版图 2-40

Daphniphyllum oldhamii （Hemsl.）Rosenth.

【别名及科属】别名：南宁虎皮楠。虎皮楠科虎皮楠属。

【形态特征】常绿小乔木。叶多簇生枝顶，椭圆状倒卵形，长 8~15cm，先端渐尖或短渐尖，基部楔形，下面常有白粉；侧脉 7~12 对；叶柄长 1~4.5cm。雄花序长 3~6cm；雌花序长 4~5cm，萼早落，柱头反曲或卷曲。果椭圆状球形，蓝黑色。花期 3~5 月，果期 9~11 月。

【生长习性】生于海拔 200~2300m 的山谷溪边常绿阔叶林中。中亚热带至南亚热带山地树种。较耐阴，宜温凉湿润生境。

【栽培要点】播种繁殖。

【景观应用】叶厚而光绿，适作园林绿化树种及行道树。

41. 榆叶梅　彩版图 2-41

Amygdalus triloba（Lindl.）Ricker

【别名及科属】别名：小桃红、榆梅。蔷薇科桃属。

【形态特征】灌木，稀小乔木，高 3~5m。小枝细，无毛或幼时稍有柔毛。叶椭圆形至倒卵形，长 3~5cm，先端尖或有时 3 浅裂，基部阔楔形，缘具粗重锯齿，两面有毛。花白色、红色、粉红色，先叶或与叶同放。核果近球形，熟时红色，被柔毛。花期 4 月，果 7 月成熟。

【生长习性】喜光，耐寒，耐旱。对轻碱性土壤也能适应，不耐水涝。

【栽培要点】播种、嫁接、分株、压条等繁殖，以嫁接和分株常见。常见病虫害有：叶斑病、枝枯病，天幕毛虫、舟形毛虫。

【景观应用】在园林或庭院中最好以苍松翠柏作背景丛植，或与连翘配植。此外，还可作盆栽、切花或催化材料。

42. 尾叶樱桃 彩版图 2-42

Cerasus dielsiana（Schneid.）Ysiana

【别名及科属】别名：尾叶樱、毛叶樱、尾叶樱花。蔷薇科樱属。

【形态特征】乔木或灌木，高 5～10m。小枝灰褐色，无毛。叶片长椭圆形或倒卵状长椭圆形，先端尾状渐尖，基部圆形至宽楔形，叶边有尖锐单齿或重锯齿，齿端有圆钝腺体，中脉和侧脉密被开展柔毛，其余被疏柔毛。花瓣白色或粉红色，卵圆形，先端 2 裂。核果红色，近球形，直径 8～9mm。花期 3～4 月，果期 5～6 月。

【生长习性】喜光、喜温、喜湿、喜肥。土壤以土质疏松、土层深厚的沙壤土为佳。在土质黏重的土壤中栽培时，根系分布浅，不抗旱，不耐涝也不抗风。

【栽培要点】播种、扦插、嫁接、压条繁殖。适宜在土层深厚、土质疏松、透气性好、保水力较强的沙壤土或砾质壤土上栽培。

【景观应用】色鲜艳亮丽，枝叶繁茂旺盛，是早春重要的观花树种，常用于园林观赏。以群植为主，也可植于山坡、庭院、路边、建筑物前。

43. 椤木石楠 *彩版图 2-43*

Photinia davidsoniae Rehd. et Wils.

【别名及科属】别名：椤木、刺凿、红檬子、梅子树。蔷薇科石楠属。

【形态特征】常绿乔木，高 20m。常具明显枝刺。幼枝疏被柔毛，顶芽绿色。叶倒披针形或长圆形，长 5~15cm，先端急尖，基部楔形；叶柄长 0.8~1.5cm。复伞房花序，被平伏柔毛。果球形或卵形，熟时黑色。花期 5 月，果期 9~10 月。

【生长习性】喜温暖湿润的气候，抗寒力不强，喜光也耐阴，对土壤要求不严。对烟尘和有毒气体有一定的抗性。

【栽培要点】播种、扦插繁殖。常见病虫害主要有介壳虫、石楠盘粉虱、白粉虱和蛀干害虫。以肥沃湿润的沙质土壤最为适宜。萌芽力强，耐修剪。

【景观应用】常见栽培于庭园及墓地附近，冬季叶片常绿并缀有黄红色果实，颇为美观。

44. 紫叶李 彩版图 2-44

Prunus cerasifera Ehrh. f. *atropurpurea* （Jacq.）Rehder.

【别名及科属】别名：红叶李、樱桃李。蔷薇科李属。

【形态特征】落叶灌木或小乔木。枝细长，有刺，全株暗紫色。叶近卵形。花单生叶腋，边缘锯齿状；花小，白色、粉红色。核果球形，紫红色。花期 4 月，果期 8 月。

【生长习性】喜光和温暖湿润的环境，耐低温、耐阴、耐旱、耐瘠薄，但不耐水湿。对土壤要求不严。

【栽培要点】嫁接、扦插、压条繁殖。喜肥，每年秋季施足底肥。萌发力强，耐修剪，管理粗放，常修剪成疏散分层形和自然开心形，冬季落叶后修剪。抗病性强，主要病虫害有穿孔病、蚜虫、介壳虫。

【景观应用】叶全年紫色。孤植、丛植或与其他树种搭配。

45. 月季花 *彩版图 2-45*

Rosa chinensis **Jacq.**

【别名及科属】别名：月月红、月月花。蔷薇科蔷薇属。

【形态特征】常绿或半常绿直立灌木。通常具钩状皮刺。小叶3~5，广卵形至卵状椭圆形，先端尖，缘有锐锯齿，两面无毛，表面有光泽。常数花簇生，深红、粉红色至近白色，微香；花梗多细长，有腺毛。花期4月下旬至10月，果熟期9~11月。

【生长习性】对环境适应性颇强。喜光，喜温暖，但夏季高温对开花不利。对土壤要求不严，但以富含有机质、排水良好而微酸性土壤最好。

【栽培要点】扦插、嫁接繁殖。喜水肥、忌积水，春季管理重在修剪、施肥和浇水，开花后剪去残花，避免结实；夏季做好遮阴通风、肥水管理和疏枝修剪，先剪、高剪弱短枝，后剪、短剪健壮枝，促进开花整齐；冬季做好防冻越冬处理。

【景观应用】花色艳丽多样，花期长，可作盆栽及切花用，又宜作花坛、花镜、花廊及基础栽植用。

46. 蓬蘽 彩版图 2-46

Rubus hirsutus Thunb.

【别名及科属】别名：覆盆、寒莓。蔷薇科悬钩子属。

【形态特征】灌木，株高 1~2m。枝红褐色或褐色，被柔毛和腺毛，疏生皮刺。小叶 3~5，卵形或宽卵形，两面疏生柔毛，边缘具不整齐尖锐重锯齿；托叶披针形或卵状披针形；叶两面具柔毛。花白色。果实近球形，无毛。花果期 3~4 月。

【生长习性】生于山坡路旁阴湿处或灌丛中，海拔达 1500m。

【栽培要点】分株繁殖。不分南北，气温在 0℃ 以上时都可以栽植，但以春秋两季为好。春季在 3 月中旬至 4 月下旬，秋季在 10 月中旬至 11 月下旬为栽植最佳时间。植株根部要填入足够的基肥，以腐熟的土杂肥为好。

【景观应用】适应性强，可应用于地被、岩石景观。

47. 蜡梅　彩版图 2-47

Chimonanthus praecox（L.）Link

【别名及科属】别名：金梅、腊梅、黄梅花。蜡梅科蜡梅属。

【形态特征】落叶灌木，常丛生。叶对生，椭圆状卵形至卵状披针形，全缘，先端渐尖，粗糙。先花后叶；花被多片，蜡黄色，有光泽，花开不谢，自萎缩于枝上。果托近木质化，坛状或倒卵状椭圆形。花期 2~3 月，果期 9~10 月。

【生长习性】喜阳光，能耐阴、耐寒、耐旱，忌渍水和大风。

【栽培要点】播种、嫁接、压条繁殖。耐干旱，但高温时要补充水分。宜在土层深厚、肥沃、疏松、排水良好的微酸性沙质壤土上栽培，在黏重和盐碱地上生长不良。

【景观应用】树形美观，可就墙隅、窗外、山麓、庭中、篱落及庭畔而植。

48. 合欢 彩版图 2-48

Albizia julibrissin **Durazz.**

【别名及科属】别名：绒花树、马缨花、蓉花树、扁花树。含羞草科合欢属。

【形态特征】落叶乔木，高可达 16m。树皮褐灰色，不裂或浅纵裂。羽片 4~12 对，各有小叶 10~30 对；小叶镰状长圆形，先端尖，基部平截，中脉紧靠上缘，叶缘及下面中脉被柔毛；叶柄及叶轴顶端各具 1 腺体；托叶条状披针形，早落。头状花序排成伞房状；花冠长 6~10mm；花丝红色。荚果带状，先端尖，基部成短柄状，淡黄褐色，具种子 8~14。种子长 7~8mm。花期 6~7 月，果期 9~10 月。

【生长习性】喜光，喜温暖亦耐寒，对气候和土壤适应性强。生长于海拔 1500m 以下。对二氧化硫、氯气等有毒气体有较强的抗性。

【栽培要点】播种繁殖。宜在排水良好、肥沃土壤生长，亦可在瘠薄土壤及轻度盐碱土上栽培，但不耐水涝。

【景观应用】树形如伞，树冠平截开展，红花如缨，羽叶扶疏，宜作庭荫树、行道树，植于林缘、房前、草坪、山坡等地。

49. 银荆 *彩版图 2-49*

Acacia dealbata Link

【别名及科属】别名：澳洲白色金合欢、澳洲金合欢、圣诞树。含羞草科金合欢属。

【形态特征】灌木或小乔木，高 15m。树冠开展。嫩枝及叶轴被灰色短绒毛、被白霜。二回羽状复叶，银灰色至淡绿色；腺体位于叶轴着生羽片处；羽片 10~20 对；小叶下面或两面被灰白色短柔毛。头状花序直径 6~7mm，再聚成腋生的总状花序或顶生的圆锥花序；花淡黄色或橙黄色。荚果长圆形，被白霜，红棕色或黑色。花期 4 月，果期 7~8 月。

【生长习性】喜光，耐干瘠，速生，萌芽力强，浅根性，抗风力弱。

【栽培要点】播种繁殖。适于在我国南亚热带、热带地区种植。

【景观应用】速生，开花极繁盛，可作蜜源植物或观赏植物。可种植为荒地水土保持林，植于海滩防风林需与其他树种混交。

50. 紫荆 彩版图 2-50

Cercis chinensis Bunge

【别名及科属】别名：紫珠、裸枝树、箩筐树、光叶杨。苏木科紫荆属。

【形态特征】落叶乔木或灌木。芽叠生。单叶，全缘，掌状脉，互生；托叶小，早落。花略左右对称；花冠假蝶形；总状花序或簇生于老枝或主干上；萼短钟状，微歪斜，红色，5 齿裂；花瓣5，上部1 片最小，位于最里面（近轴）；雄蕊10，分离；子房具短柄。荚果带状，扁平，不裂，稀开裂，沿腹缝具窄翅或无。种子2 至多数，近圆形，扁平，无胚乳。花期3 月，果期10 月。

【生长习性】暖带树种，较耐寒。喜光，稍耐阴。喜肥沃、排水良好的土壤，不耐湿。

【栽培要点】播种、扦插或分株繁殖。萌芽力强，耐修剪。

【景观应用】早春叶前开花，枝、干布满紫花，艳丽可爱。叶片心形，圆整而有光泽。宜丛植于庭院、建筑物前及草坪边缘。

51. 救荒野豌豆 彩版图 2-51

Vicia sativa L.

【别名及科属】别名：大巢菜、野豌豆。蝶形花科野豌豆属。

【形态特征】一年生或二年生草本，高 15~90cm。茎斜升或攀援，单一或多分枝，具棱，被微柔毛。偶数羽状复叶长 2~10cm；叶轴顶端卷须有 2~3 分支；托叶戟形。花腋生；萼钟形；花冠紫红色，荚果长圆形，表面土黄色，种间缢缩。种子圆球形。花期 4~7 月，果期 7~9 月。

【生长习性】生于海拔 50~3000m 荒山、田边草丛及林中。喜冬暖夏凉而空气湿润的气候，最忌干热风吹袭。不宜冬季阴冷及土壤过湿。生长期间要求阳光充足。

【栽培要点】播种繁殖。

【景观应用】在冬暖夏凉地区，可作花篱和矮花屏栽植。矮生品种也可作盆栽观赏。

52. 紫藤 彩版图 2-52

Wisteria sinensis（Sims）Sweet

【别名及科属】别名：藤罗树、藤萝、藤萝花。蝶形花科紫藤属。

【形态特征】落叶藤本。茎左旋。枝较粗壮，嫩枝被白色柔毛，后秃净。冬芽卵形。奇数羽状复叶；托叶线形，早落；小叶3~6对，纸质，卵状椭圆形至卵状披针形。总状花序；花序轴被白色柔毛；苞片披针形，早落；花芳香；花梗细；花萼杯状；花冠紫色。荚果倒披针形，长10~15cm，宽1.5~2cm，密被绒毛，悬垂枝上不脱落，有种子1~3颗。种子褐色，具光泽，圆形，宽1.5cm，扁平。花期4月中旬至5月上旬，果期5~8月。

【生长习性】暖温带及温带植物，对气候和土壤的适应性强，较耐寒，能耐水湿及瘠薄土壤。喜光，较耐阴。

【栽培要点】播种、扦插繁殖，适宜土层深厚、排水良好、向阳避风的地方栽培。主根深，侧根浅，不耐移栽。有一定的耐干旱、贫瘠和水湿的能力。

【景观应用】枝叶茂密，荫蔽效果好，先花后叶，花穗巨大，芳香怡人，可作棚架、门廊、枯树和山面的绿化材料，也可作为盆景或盆栽。

53. 细柄蕈树 *彩版图 2-53*

Altingia gracilipes **Hemsl.**

【别名及科属】别名：细柄阿丁枫、齿叶蕈树、细齿蕈树。金缕梅科蕈树属。

【形态特征】常绿乔木。叶卵状披针形，先端长尾状渐尖，全缘；侧脉 5～6 对，在上面不明显，网脉不显著；叶柄长 2～3cm，纤细。雌花具花 5～6。果序倒圆锥形，直径 1.5～2cm。花期 4～5 月，果期 10～11 月。

【生长习性】生长于海拔 500～1200m。中亚热带南部至边缘热带树种，常与栲、青冈、润楠、木莲类混生组成常绿阔叶林。较喜光，幼苗稍耐阴。

【栽培要点】播种繁殖。宜植于肥沃深厚的微酸性土壤中。

【景观应用】优良的速生阔叶常绿乔木，树形优美，枝叶繁密，可用于庭荫树、行道树，宜孤植、散植或与其他树种混植。

54. 枫香 彩版图 2-54

Liquidambar formosana Hance

【别名及科属】别名：白胶香、白香胶树、百日材、百日柴。金缕梅科枫香属。

【形态特征】落叶乔木。树皮灰褐色，方块状开裂。芽鳞多数，棕黑色，有光泽。叶阔卵形，掌状 3 裂，中裂片较长，先端尾状渐尖，两侧裂片平展，基部心形，边缘有锯齿；掌状脉 3~5，在两面均显著，网脉明显可见；叶柄长达 11cm。雌花序有花 20~40，雌蕊花柱细长，周围绕以刺状宿存的萼齿。果序圆球形。种子多数，褐色，能育种子具短翅。花期 3 月，果期 10 月。

【生长习性】生长于海拔 600m 以下，在海南达 1000m，在云南达 1660m。北亚热带至边缘热带树种。喜光，速生，寿命长，可成大材。

【栽培要点】播种繁殖。栽培要求温暖湿润气候和深厚湿润土壤，耐干旱贫瘠，不耐水湿，幼树需要一定遮阴条件。

【景观应用】南方著名的秋色叶树种，树高干直，树冠宽阔，气势雄伟，深秋叶色红艳，美丽壮观。可在园林中栽作庭荫树，或于草地孤植、丛植，或于山坡、池畔与其他树木混植。

82

55. 米老排 *彩版图 2-55*

Mytilaria laoensis H. Lecomte

【别名及科属】别名：谷菜果、合掌叶、鹤掌叶。金缕梅科壳菜果属。

【形态特征】常绿乔木。小枝粗壮无毛，节有环痕。叶厚革质，阔卵圆形，全缘或浅裂，幼树及萌生枝上叶盾形，基部心形，掌状脉5，在上下两面明显，网脉不明显；叶柄长7~10cm。花序顶生或腋生；花瓣长8~10mm，白色。蒴果长1.5~2cm，黄褐色。种子长1~1.2cm，褐色，有光泽。花期6~7月，果期10~11月。

【生长习性】生长于海拔250~1800m。南亚热带至边缘热带树种。较喜光，幼苗耐阴。速生，为华南优良速生用材树种，现已扩大至中亚热带南部地区栽培。

【栽培要点】播种繁殖。栽培要求肥沃湿润、排水良好、酸性沙壤至轻黏土的山地，忌积水，不宜石灰土及黏重土壤。

【景观应用】优良的园林树种，叶光洁浓绿，形姿优美，常植于郊野公园。

56. 杨梅 彩版图 2-56

Myrica rubra Sieb. et Zucc.

【别名及科属】别名：山杨梅、朱红、珠蓉。杨梅科杨梅属。

【形态特征】常绿乔木，高达 12m，胸径 60cm。树冠整齐，近球形。树皮黄灰黑色，老时浅纵裂。幼枝及叶背有黄色小油腺点。叶倒披针形，先端较钝，基部狭楔形，全缘或近端部有浅齿。雌雄异株；雄花序紫红色。核果球形，深红色，也有紫色、白色等。花期 3~4 月，果熟期 6~7 月。

【生长习性】中性树，稍耐阴，不耐烈日直射。喜温暖湿润气候及酸性、排水良好土壤，中性及微碱性土壤上也可以生长。

【栽培要点】播种、压条及嫁接等繁殖。栽植宜选择低山丘陵北坡，若在阳坡应与其他树间植。同时，因是雌雄异株，应适当配植雄株，以利授粉。移栽时间以 3 月中旬至 4 月上旬为宜，并需带上土球。

【景观应用】枝繁叶茂，树冠圆整，是优良观赏树木，亦可作防火树种。孤植、丛植于草坪、庭院，或列植于路边都很合适。若采用密植方式用来分隔空间或起遮蔽作用也很理想。

57. 江南桤木 彩版图 2-57

***Alnus trabeculosa* Hand.-Mazz.**

【别名及科属】别名：江南桤木、罗白木、萝卜木。桦木科桤木属。

【形态特征】落叶乔木。叶倒卵状长圆形或椭圆形，锐尖或尾尖，基部圆形或浅心形，具不整齐锯齿，下面被腺点，有时脉腋具簇毛；侧脉 6~13 对；叶柄长 2~3cm。柔荑花序。果序 2~4，呈总状排列；果序梗长 1~2cm；小球果状果序长圆形，长 1.5~2.5cm；小坚果宽卵形，具厚纸质果翅，翅宽约为果的 1/4。花期 2~3 月，果期 9~11 月。

【生长习性】生于海拔 200~1000m 的山谷、河溪边林中。喜光，耐湿，可在沟谷湿地、沼泽地聚生为单优群落。能适应酸性、中性和微碱性土壤，喜温暖气候和深厚湿润、肥沃土壤。在干瘠荒地、荒山地也能生长。

【栽培要点】播种繁殖。

【景观应用】具有发达的根系及根瘤，可植于江河湖岸，护岸固堤、改良土壤和涵养水源。

58. 青冈栎 彩版图 2-58

Cyclobalanopsis glauca（Thunb.）Oerst.

【别名及科属】别名：铁槠、青冈、青栲。壳斗科青冈属。

【形态特征】常绿乔木。小枝无毛。叶长椭圆形或倒卵状椭圆形，长 6～13cm，中部以上具疏锯齿，下面被平伏白色单毛，兼灰白色蜡粉；侧脉 9～13 对。果序长 1.5～3cm；壳斗碗形，包坚果1/3～1/2，高 6～8mm，具 5～6 环带；坚果卵形或椭圆形，高 1～1.6cm，无毛；果脐凸起。花期 3～4 月，果期 10 月。

【生长习性】生长于海拔 1000（东部）～2600m（西南）以下。为壳斗科常绿种分布最北者，北亚热带全中亚热带树种。在南亚热带多见于石灰岩山地。喜温暖多雨气候，较耐阴，喜钙质土。

【栽培要点】播种繁殖。宜排水良好、腐殖质深厚的土壤上栽培。

【景观应用】良好的绿化、观赏和造林树种，枝叶茂密，树姿优美，终年常青，宜丛植、群植或与其他常绿树种混植。

59. 赤皮青冈 *彩版图 2-59*

Cyclobalanopsis gilva（**Bl.**）**Oerst.**

【别名及科属】别名：赤皮椆、赤皮、红椆。壳斗科青冈属。

【形态特征】常绿乔木。树皮暗褐色。小枝、叶柄、叶下面、花序轴、苞片、壳斗壁密被黄褐色或灰黄色星状绒毛。叶倒披针形或倒卵状长椭圆形，先端渐尖，基部楔形，中部以上具芒状锯齿；侧脉 11~18 对；叶柄长 1~1.5cm。雌花序长约 1cm，有花 2。壳斗碗形，高 6~8mm，具 6~7 环带，环带全缘；果卵状椭圆形，高 1.5~2cm，顶端被微柔毛。花期 5 月，果期 10~11 月。

【生长习性】生于海拔 300~1500m 的山地。深根性树种，根部有较强的萌生力，在湖南适生于海拔 700m 以下，气候温暖湿润、土壤肥沃的地方，特别是在山谷、山洼、阴坡下部及河边台地。

【栽培要点】播种繁殖。喜温暖湿润气候，宜深厚疏松、排水良好的中性或微酸性土壤上栽培。

【景观应用】树形高大挺拔，枝叶茂密，树姿优美，终年常青，既是优良的绿化造林树种，也可以培育成很好的庭院观赏和园林树种。

60. 短柄枹栎 彩版图 2-60

Quercus serrata var. *brevipetiolata*（A. DC.）
Nakai

【别名及科属】别名：短柄枹、短柄桴栎、柞树、短柄抱栎。壳斗科栎属。

【形态特征】落叶乔木，高达 15~20m。树皮暗灰褐色，不规则深纵裂。幼枝有黄色绒毛，后变无毛。单叶互生，叶集生在小枝顶端，叶片较短窄，长椭圆状披针形或披针形，叶边缘具粗锯齿，齿端微内弯，叶片下面灰白色，被平伏毛；叶柄较短或近无柄，长 2~5mm。花期 4~5 月，果实翌年 10 月成熟。

【生长习性】喜光，喜温暖，耐寒，耐旱。土壤适应性广，但不耐盐碱土。

【栽培要点】播种繁殖。适宜深厚、肥沃、湿润而排水良好的中性或酸性土壤上栽培。

【景观应用】主要用于荒山造林，也可作为山坡风景林树种。

61. 榔榆 *彩版图 2-61*

Ulmus parvifolia Jacq.

【别名及科属】别名：小叶榆、秋榆、榆树。榆科榆属。

【形态特征】半常绿乔木。树皮灰褐色，不规则鳞状剥落，露出红褐色或绿褐色内皮。小枝红褐色，被柔毛。叶窄椭圆形或卵形，先端短尖或略钝，基部偏斜，单锯齿，幼树及萌芽枝之叶为重锯齿，上面无毛，有光泽，下面幼时被毛；叶柄长 2~6mm。花秋季开放，簇生于当年生枝叶腋；花萼 4 裂至基部或近基部。翅果椭圆形或卵形，长 0.9~1.2cm。花期 8 月，果期 10 月。

【生长习性】生于海拔 1200m 以下的平原、丘陵、溪边、低山常绿阔叶林及次生林中。村边风景林习见，与石栎、南酸枣、小叶栎、刺楸等混生。喜光，适应性强，耐干旱瘠薄，适生山坡、平原及溪边的酸性、中性、钙质土多种生境。

【栽培要点】播种繁殖。

【景观应用】树形优美，姿态潇洒，树皮斑驳，枝叶细密，宜在庭院中孤植、丛植，或与亭榭、山石搭配，也可作为庭荫树、行道树或制作盆景。

62. 山油麻 彩版图 2-62

***Trema cannabina* var. *dielsiana*（Hand.-Mazz.）C. J. Chen**

【别名及科属】别名：山脚麻、红岩砂子树、滑榔树。榆科山黄麻属。

【形态特征】灌木或小乔木。小枝纤细，黄绿色。叶近膜质，卵形或卵状矩圆形，稀披针形，先端尾状渐尖或渐尖，基部圆或浅心形，稀宽楔形，边缘具圆齿状锯齿，叶面绿色，叶背浅绿色；基部有明显的三出脉；叶柄纤细，长 4~8mm，被贴生短柔毛。花单性，雌雄同株；雌花序常生于花枝的上部叶腋，雄花序常生于花枝的下部叶腋，或雌雄同序；聚伞花序一般长不过叶柄；雄花具梗，直径约 1mm，花被片 5，倒卵形，外面无毛或疏生微柔毛。核果近球形或阔卵圆形，微压扁，直径 2~3mm，熟时橘红色，有宿存花被。花期 3~6 月，果期 9~10 月。

【生长习性】中亚热带至南亚热带树种，空旷地先锋树种，生于林缘及采伐迹地。喜光，喜温暖湿润，耐干旱贫瘠。

【栽培要点】播种繁殖。以深厚、肥沃、排水良好的土壤栽培为佳。

【景观应用】果实鲜红，秋季可作为观果树种。可孤植、丛植或与其他树种混植。

63. 冬青 彩版图 2-63

***Ilex chinensis* Sims**

【别名及科属】别名：不冻紫、大冬青、顶树子。冬青科冬青属。

【形态特征】常绿乔木。树皮暗灰色，光滑。叶薄革质，椭圆形至长椭圆形，先端渐尖，边缘具疏钝齿，两面光绿无毛；侧脉 6~9 对；叶柄长 5~18mm。复聚伞花序生于当年生枝叶腋；雌雄异株；花紫红色；4~5 基数。果椭圆形，红色，长 10~12mm；分核 4~5，背面具 1 深沟。花期 4~6 月，果期 7~12 月。

【生长习性】生长于海拔 1000m 以下。中亚热带（南亚热带）树种，低山丘陵村庄风景林习见。喜温暖湿润气候，稍耐阴，生长中速。天然更新及萌芽能力均强。

【栽培要点】播种、嫁接繁殖。宜在肥沃湿润土壤上栽培。

【景观应用】枝叶茂密，四季常青，秋果红艳，冬季不落，宜作为园景树或绿篱，也可作盆景欣赏。

64. 无刺枸骨 彩版图 2-64

Ilex cornuta var. *fortunei*

【**别名及科属**】别名：全缘叶枸骨。冬青科冬青属。

【**形态特征**】枸骨变种。常绿灌木或小乔木。树皮灰白色，平滑不裂。叶革质，无刺齿，表面深绿色，有光泽，背面淡绿色。果核球形，熟时鲜红色。花期 4~5 月，果期 9~11 月。

【**生长习性**】喜光，稍耐阴，耐寒性不强。能适应城市环境，对有害气体有较强抗性。生长缓慢。喜光，喜温暖气候。

【**栽培要点**】播种、扦插、嫁接繁殖。宜在肥沃湿润且排水良好的土壤上栽培。萌蘖力强，耐修剪。

【**景观应用**】良好的观叶、观果树种，枝叶稠密，叶形奇特，深绿光亮，入秋红果累累，经冬不凋，鲜艳美丽，宜作基础种植及岩石园材料，也可孤植于花坛中心，对植于前庭、路口，或丛植于草坪边缘。

65. 臭辣吴萸 彩版图 2-65

Evodia fargesii Dode

【别名及科属】别名：臭辣树、臭辣吴茱萸、臭桐子树。芸香科吴茱萸属。

【形态特征】落叶乔木，高达17m。枝暗紫色，幼时有柔毛。羽状复叶；小叶5~11，椭圆状卵形或长椭圆状披针形，长6~11cm，宽2~5cm，顶端渐尖或长渐尖，基部楔形，两侧常不等齐，表面深绿色近于无毛，背面灰白色，沿中脉疏生柔毛，基部及叶柄上较密，全缘或有不明显的圆锯齿。聚伞圆锥花序顶生；花白色或淡绿色，5基数。蒴果分裂成4~5果瓣，成熟时紫红色或淡红色，背面布网纹和油点，侧面有细毛，每一分果瓣有1种子。花期7~8月，果期9~10月。

【生长习性】多生于向阳的山坡地上、山溪边湿润树丛中。

【栽培要点】播种、根插、枝插或分蘖繁殖。中性、微碱性或微酸性的土壤上都能生长，以土层深厚、较肥沃、排水良好的壤土或沙壤土栽培为佳。低洼积水地不宜种植。

【景观应用】树冠宽阔，秋季叶色变黄，颇为优美，可作为庭荫树或成片栽植。

66. 苦楝 *彩版图 2-66*

Melia azedarach L.

【别名及科属】别名：楝树、楝枣子、楝果子。楝科楝属。

【形态特征】落叶乔木，高逾 10m。树皮灰褐色，纵裂。叶为二至三回奇数羽状复叶；小叶对生，卵形、椭圆形至披针形。圆锥花序约与叶等长，无毛或幼时被鳞片状短柔毛；花芳香；花瓣淡紫色，倒卵状匙形，长约 1cm，两面均被微柔毛，通常外面较密；雄蕊管紫色，无毛或近无毛。核果球形至椭圆形，4~5 室，每室有种子 1 颗；内果皮木质。种子椭圆形。花期 4~5 月，果期 10~12 月。

【生长习性】喜温暖湿润气候，耐寒、耐碱、耐瘠薄。适应性较强。在低湿地、酸性土至轻盐碱土上均可生长。喜光，宜肥沃湿润条件，但能耐干瘠。

【栽培要点】播种繁殖。宜土层深厚、疏松肥沃、排水良好、富含腐殖质的沙质壤土栽培。

【景观应用】树形优美，叶形秀丽，春夏之交开淡紫色花，有淡淡香味，宜作庭荫树和行道树，可孤植、丛植于草坪、池畔、林缘等地。

67. 复羽叶栾树 彩版图 2-67

Koelreuteria bipinnata Franch.

【别名及科属】别名：灯笼花、风吹果、栾树。无患子科栾树属。

【形态特征】落叶乔木。二回羽状复叶，长 60~70cm，羽片 5~10 对；小叶 9~17，斜卵形，边缘有小齿缺，下面中脉及脉腋具毛。圆锥花序长 40~65cm，与花柄同被短柔毛；花黄色；萼裂片长卵形，长约 1.5mm；花瓣 4，线状披针形，具爪，上部具 2 耳状小鳞片；雄蕊 8，花丝被白色长柔毛；子房被白色长柔毛。蒴果椭圆状卵形，具 3 棱，形如灯笼泡，顶端浑圆而有小凸尖，成熟时紫红色。种子球形，黑褐色，直径约 5mm。花期 7 月，果期 9~10 月。

【生长习性】喜生于石灰质的土壤，在微酸性及微碱性土壤都能生长，也能耐盐渍及短期水涝。深根性，主根发达，抗风力强，萌蘖能力强，不耐干旱瘠薄修剪。幼树生长较慢，以后渐快。对二氧化硫和烟尘有较强的抗性。耐风雪。

【栽培要点】播种繁殖。生长迅速，病虫害少。适宜深厚、肥沃、湿润的土壤上栽培。

【景观应用】树形端正，枝叶茂密，叶形秀丽，春季嫩叶为红色，秋季变黄色，夏季开花，满树金黄色，秋季满树红果，十分美丽，可作为庭荫树、行道树和园景树。

68. 红翅槭 彩版图 2-68

Acer fabri Hance

【别名及科属】别名：罗浮槭。槭树科槭属。

【形态特征】常绿小乔木。树皮淡褐色或暗灰色。幼枝紫绿色，老枝绿褐色或绿色。单叶对生，革质，披针形，顶端短锐尖，基部楔形，全缘。花杂性；伞房花序；雄花与两性花同株，紫色；萼片紫色，长圆形；花瓣倒卵形，白色；子房无毛。翅果张开成钝角，嫩时紫色，成熟时黄褐色或红褐色；小坚果凸起。花期 3~4 月，果期 9~10 月。

【生长习性】喜光，喜温暖、湿润的环境。较耐高温及严寒。对土壤要求不严，喜深厚、肥沃、疏松的酸性土壤。

【栽培要点】播种繁殖。春季适当修剪造型，夏季多水肥，雨季注意排水，入秋保持土壤干燥，冬季施复合肥。

【景观应用】春季观花，秋季观红果，四季皆可观叶。常孤植、片植于林缘、庭园、池畔。

69. 美国红枫 彩版图 2-69

Acer palmatum Thunb.'Atropurpureum'

【别名及科属】别名：红花槭、沼泽枫、加拿大红枫。槭树科槭属。

【形态特征】落叶大乔木，树高 12~18m，个别高可达 27m。冠幅逾 10m。树形直立向上，树冠呈椭圆形或圆形，开张优美。茎光滑，有皮孔，通常为绿色，冬季常变为红色。新树皮光滑，浅灰色。老树皮粗糙，深灰色，有鳞片或皱纹。单叶对生；叶片 3~5 裂，手掌状，巨大。花为红色，稠密簇生，少部分微黄色，先花后叶。果实为翅果，多呈微红色，成熟时变为棕色，长 2.5~5cm。花期 3 月末至 4 月，果期 10 月。

【生长习性】适应性较强，耐寒、耐旱、耐湿。酸性至中性的土壤使秋色更艳。对有害气体抗性强，尤其对氯气的吸收力强。

【栽培要点】播种、扦插繁殖。根据不同生长状况，需对个别树进行修复与整形。

【景观应用】欧美经典的彩色行道树，叶色鲜红美丽，在园林绿化中广泛应用。

70. 中华槭 彩版图 2-70

Acer sinense Pax

【别名及科属】 别名：华槭、华槭树。槭树科槭属。

【形态特征】 落叶乔木，高 3~5m，稀达 10m。树皮平滑，淡黄褐色或深黄褐色。小枝细瘦，无毛，当年生枝淡绿色或淡紫绿色，多年生枝绿褐色或深褐色，平滑。叶近于革质，基部心脏形或近于心脏形，稀截形。花杂性，翅果淡黄色，无毛，常生成下垂的圆锥果序；小坚果椭圆形。花期 5 月，果期 9 月。

【生长习性】 喜温暖、湿润、半阴环境和疏松、肥沃的土壤。不耐水涝，较耐干旱。

【栽培要点】 播种繁殖。应选择栽植在微酸、湿润、透水性好、灌溉条件良好的沙壤土。

【景观应用】 珍贵的观叶佳品，姿态优美，叶形秀丽，秋叶艳红。适合在园林中植于溪边、池畔、路隅、墙垣。

71. 野鸦椿 彩版图2-71

Euscaphis japonica（**Thunb.**）**Dippel**

【别名及科属】别名：鸟眼椒、鸟腱花。省沽油科野鸦椿属。

【形态特征】落叶灌木或小乔木。树皮灰色，具纵裂纹。小枝及芽红紫色。叶厚纸质，奇数羽状复叶，对生；小叶5~11，披针状卵形，先端渐尖，边缘密生细锯齿。圆锥花序顶生；花黄绿色。蓇葖果；果皮软革质，紫红色。种子近球形；假种皮肉质，蓝黑色。花期5~6月，果期8~9月。

【生长习性】喜温暖、阴湿环境，忌水涝。对土壤要求不严，最适生于排水良好、含腐殖质丰富的微酸性壤土，中性土、石灰质土上亦能生长。

【栽培要点】播种繁殖。幼苗喜阴，夏秋需搭棚庇荫。

【景观应用】观叶观果树种，树姿优美，秋季红果美丽，经霜叶色变红。在园林中可于庭前、院隅、路旁配植。

72. 南酸枣 彩版图 2-72

***Choerospondias axillaris*（Roxb.）Burtt et Hill**

【别名及科属】别名：酸枣、醋酸树、厚皮树。漆树科南酸枣属。

【形态特征】落叶乔木。树皮灰褐色。奇数羽状复叶，互生；小叶 7~15，对生，长椭圆形，尾状长渐尖，基部偏斜，小叶柄长约 5mm，侧脉 8~10 对，两面凸起。花紫红色；聚伞状圆锥花序；花萼裂片长约 1cm；花瓣具暗褐色平行脉纹，花时外卷；雄蕊与花瓣近等长；雌花单生于上部叶腋。核果椭圆形，长 2.5~3cm，熟时黄色；中果皮肉质浆状，内果皮骨质。花期 4 月，果期 8~10 月。

【生长习性】生长于海拔 300~1000m（西部至 2000m）。喜光，喜温暖湿润气候，略耐阴，不耐寒，不耐涝，速生，适应性强，宜中等肥沃湿润土壤，常混生于栲类常绿阔叶林中。

【栽培要点】播种、根插繁殖。适宜深厚肥沃而排水良好的酸性或中性土壤上栽培。

【景观应用】树体高大，树冠浓密，叶形优美，可作为庭荫树、行道树或造林树种，宜孤植、丛植或与其他树种混植。

73. 青钱柳 *彩版图 2-73*

Cyclocarya paliurus（**Batal.**）**Iljinsk.**

【别名及科属】别名：青钱李、山麻柳、大叶水化香。胡桃科青钱柳属。

【形态特征】乔木，高达 10~30m。树皮灰色。枝条黑褐色，具灰黄色皮孔。芽密被锈褐色盾状着生的腺体。奇数羽状复叶长约 20cm（有时达 25cm 以上），具 7~9（稀 5 或 11）小叶；小叶纸质，叶缘具锐锯齿。雄花序 2~4 条成一束；雌性柔荑花序单独顶生。果序轴长 25~30cm，无毛或被柔毛。果实扁球形，果实中部围有水平方向的直径达 2.5~6cm 的革质圆盘状翅，顶端具 4 宿存的花被片及花柱，果实及果翅全部被有腺体，在基部及宿存的花柱上则被稀疏的短柔毛。花期 4~5 月，果期 7~9 月。

【生长习性】常生长在海拔 500~2500m 的山地湿润的森林中。喜光，幼苗稍耐阴。要求深厚、肥沃、湿润土壤。耐旱，萌芽力强，生长中速。

【栽培要点】常用扦插、嫁接、播种繁殖。适宜土层深厚、富含腐殖质且排水良好的土壤上栽培。

【景观应用】树木高大挺拔，枝叶美丽多姿，其果实像一串串的铜钱，从 10 月至翌年 5 月挂在树上，迎风摇曳，别具一格。可作为庭院树、行道树，宜孤植、丛植或与其他树种混植。

74. 化香 彩版图 2-74

Platycarya strobilacea Sieb. et Zucc.

【别名及科属】别名：花龙树、栲香、山麻柳、白皮树。胡桃科化香树属。

【形态特征】落叶小乔木。树皮灰褐色，纵裂。小叶 7～15（～19），对生，无柄，卵状至长圆状披针形，长 5～16cm，先端长渐尖，基部偏斜，边缘有细尖重锯齿，下面仅沿中脉或脉腋有毛。两性花序长 5～10cm，复合花序生于中央顶端。果序球果状，常椭圆状圆柱形，长 3～5cm；果苞披针形，先端刺尖；小坚果连翅近圆形或倒卵状圆形，直径 3～6mm，黄褐色。花期 5～6 月，果期 7～8 月。

【生长习性】生于海拔 100～1500m。温带至亚热带树种。喜光，耐干旱瘠薄，速生，萌芽性强。荒山、迹地与白栎、茅栗、黄檀、山槐等形成次生林或灌丛。酸性土、钙质土均可生长。

【栽培要点】播种繁殖。宜在深厚肥沃的中性壤土上栽培。

【景观应用】羽状复叶，穗状花序，果序呈球果状，直立枝端经久不落，使其在落叶阔叶树种中具有特殊的观赏价值，在园林绿化中可作为点缀树种应用。

75. 枫杨 *彩版图 2-75*

Pterocarya stenoptera C. DC.

【别名及科属】 别名：枰柳、麻柳、枰伦树。胡桃科枫杨属。

【形态特征】 落叶乔木。幼树皮平滑，老时灰色至深灰色，深纵裂。裸芽，密被锈褐色腺鳞。偶数复叶长 10~20cm，叶柄及叶轴被毛，叶轴具窄翅；小叶 10~28，纸质，长圆形至长圆状披针形，长 4~11cm，先端短尖或钝，基部偏斜，具细锯齿，两面有细小腺鳞，下面脉腋具簇生毛。雄花序生于去年生枝叶腋。果序长 20~45cm；坚果具 2 斜展之翅，翅长圆形至椭圆状披针形，长 1~2cm。花期 4~5 月，果期 8~9 月。

【生长习性】 垂直分布，东部在海拔 500m 以下，西部在海拔 1000m 以上。温带至亚热带树种。喜光，耐湿，适生于山谷溪旁、河流两岸。

【栽培要点】 播种繁殖。土壤适应性广，宜深厚、肥沃、湿润的土壤上栽培。

【景观应用】 树冠宽广，枝叶茂密，生长快，适应性强，在江淮流域多栽为遮阴树及行道树。因枫杨根系发达、较耐水湿，常作水边护岸固堤及防风林树种。

76. 尖叶四照花 彩版图 2-76

Cornus elliptica（Pojarkova）**Q. Y. Xiang et Bofford**

【别名及科属】别名：四照花。山茱萸科山茱萸属。

【形态特征】常绿乔木或灌木，高 4~12m。树皮灰色或灰褐色，平滑。幼枝灰绿色，被白色贴生短柔毛，老枝灰褐色，近于无毛。冬芽小，圆锥形，密被白色细毛。叶对生，革质，长圆椭圆形，稀卵状椭圆形或披针形，先端渐尖形，具尖尾，基部楔形或宽楔形，稀钝圆形。头状花序球形；总苞片 4，长卵形至倒卵形，先端渐尖或微突尖形，基部狭窄，初为淡黄色，后变为白色，两面微被白色贴生短柔毛。果序球形，成熟时红色，被白色细伏毛。花期 6~7 月，果期 10~11 月。

【生长习性】生长于海拔 340~1400m 的地区，常生长在混交林中以及密林内。喜光，稍耐阴，喜温暖湿润气候，有一定耐寒力，喜湿润而排水良好的沙质土壤。

【栽培要点】播种、扦插或分蘖繁殖。

【景观应用】树形整齐，初夏开花，白色总苞片覆盖全树，是一种美丽的庭院观花树种。可丛植于草坪、路边、林缘、池畔等地。

77. 毛八角枫 彩版图 2-77

Alangium kurzii Craib

【别名及科属】别名：白龙须、毛瓜木、绒毛八角枫、八角枫。八角枫科八角枫属。

【形态特征】落叶乔木，稀灌木，高 5~20m。当年生枝紫绿色，有淡黄色绒毛和短柔毛；老枝深褐色，无毛。叶纸质，近圆形或阔卵形，先端长渐尖，基部心形，稀近圆形或倾斜，两侧不对称，全缘，长 12~14cm，下面淡绿色，被黄褐色丝状绒毛；掌状脉 3~5；叶柄长 2.5~4cm，被毛。聚伞花序具 5~7 花；总花梗长 3~5cm；花瓣 6~8，条形，长 2~2.5cm，初白色，后变淡黄色；雄蕊药隔有长柔毛。核果椭圆形，长 1.2~1.5cm。花期 5~6月，果期 8~9月。

【生长习性】生于海拔 800m 以上的山地阔叶林中。喜光，耐半阴，有一定耐寒力。

【栽培要点】播种和分株繁殖。宜在疏松透气、排水良好且富含腐殖质的壤土上栽植。萌芽力强，耐修剪。

【景观应用】花白色而清香，秋叶鲜黄色，可作为园林观叶植物，与其他树种配植。

78. 锦绣杜鹃 彩版图 2-78

Rhododendron pulchrum Sweet.

【别名及科属】别名：毛杜鹃。杜鹃花科杜鹃属。

【形态特征】半常绿灌木，高 1.5~2.5m。枝开展，淡灰褐色，被淡棕色糙伏毛。叶薄革质，椭圆状长圆形至椭圆状披针形或长圆状倒披针形。伞形花序顶生，有花 1~5；花梗长 0.8~1.5cm，密被淡黄褐色长柔毛；子房密被亮棕褐色糙状毛，花柱长于花冠，无毛。蒴果长圆状卵球形。花期4~5月，果期9~10月。

【生长习性】喜温暖、半阴、凉爽、湿润、通风的环境。怕烈日、高温。

【栽培要点】多用扦插繁殖。宜栽植于疏松、肥沃、富含腐殖质的偏酸性土壤，忌碱性和重黏土。要求排水通畅，忌积水。

【景观应用】成片栽植，作园林的自然景观。也可在岩石旁、池畔、草坪边缘丛栽，或用于盆景盆栽，增添庭园气氛。

79. 乌饭树 *彩版图 2-79*

Vaccinium bracteatum Thunb.

【别名及科属】别名：染菽、南烛。杜鹃花科越橘属。

【形态特征】常绿灌木或小乔木，高 2~6m。分枝多，幼枝被短柔毛或无毛，老枝紫褐色，无毛。叶片薄革质，椭圆形、菱状椭圆形、披针状椭圆形至披针形。花冠白色，筒状，有时略呈坛状。浆果直径 5~8mm，熟时紫黑色。花期 6~7 月，果期 8~10 月。

【生长习性】多生于山坡灌木丛或马尾松林内、向阳山坡路旁，多生长在酸性土壤中。

【栽培要点】播种、扦插繁殖。喜弱酸性以及透气性较好的土壤，可选用腐叶土和沙子的混合基质栽培。

【景观应用】良好的园林观果绿化树种，常与海桐、金叶女贞、含笑等树种混植点缀于假山、绿地之中。

80. 棱角山矾 *彩版图 2-80*

Symplocos tetragona Chen ex Y. F. Wu

【别名及科属】别名：光亮山矾。山矾科山矾属。

【形态特征】常绿乔木，高 8m。小枝黄绿色，具凸起的锐条棱。叶厚革质，两面黄绿色，长圆形或狭椭圆形。花白色。核果椭圆形。花期 4~9 月，果期 9~10 月。

【生长习性】生于海拔 1000m 以下的杂木林中。喜温暖湿润气候。耐阴、耐寒力都较强。在肥沃深厚的黄棕壤或黄壤里均生长良好。

【栽培要点】播种、扦插繁殖。适于种植于肥沃深厚的黄棕壤或黄壤中。萌芽力强，耐修剪，且根系发达。

【景观应用】主干通直，树形优美，叶片四季常青，适合于城市作庭园绿化及行道树。

81. 白檀 *彩版图 2-81*

Symplocos paniculata（**Thunb.**）**Miq.**

【**别名及科属**】别名：碎米子树、乌子树。山矾科山矾属。

【**形态特征**】落叶灌木或小乔木，高 1~5m。叶纸质或膜质，卵状椭圆形或倒卵状椭圆形。花白色；花冠 5 深裂至基部。核果蓝色，卵球形。花期 3~4 月，果期 6~11 月。

【**生长习性**】生于海拔 760~2500m 的山坡、路边、疏林或密林中。喜温暖湿润的气候和深厚肥沃的沙质壤土，喜光也稍耐阴。适应性强，耐寒，抗干旱，耐瘠薄。

【**栽培要点**】播种繁殖。颇易成活，栽培土质要求疏松湿润的沙质壤土。

【**景观应用**】良好的园林绿化点缀树种，树形优美，枝叶秀丽，春日白花，秋结蓝果。

82. 对节白蜡 *彩版图 2-82*

Fraxinus hupehensis Ch'u，Shang et Su

【别名及科属】别名：湖北梣。木犀科白蜡属。

【形态特征】落叶乔木，高 19m。小枝挺直，被细绒毛或近无毛，侧生小枝呈荆棘状。奇数羽状复叶对生。花杂性，簇生于二年生枝上，呈短的聚伞圆锥花序。翅果长匙形，下部渐窄。花期 2~3 月，果期 9 月。

【生长习性】生海拔 600m 以下的低山丘陵地。喜光，也稍耐阴，喜温和的气候和湿润的土层。

【栽培要点】繁殖多用播种繁殖，采后即播或春接种，亦可插条繁殖。

【景观应用】优良的园林绿化或树桩盆景树种。树形优美，盘根错节，苍老挺秀。适应性强。

110

83. 女贞 *彩版图 2-83*

Ligustrum lucidum Ait.

【别名及科属】别名：蜡树、女桢、桢木、将军树。木犀科女贞属。

【形态特征】常绿灌木或乔木。枝条开展，呈倒卵形树冠。树皮灰色，平滑。叶对生，革质，卵形或卵状椭圆形，全缘，表面深绿色，有光泽，背面淡绿色。圆锥花序顶生；小花密集，白色，有芳香。核果椭圆形，深紫蓝色，被白粉。花期 6~7 月。果期 11~12 月。

【生长习性】深根性。喜阳光，也耐阴。在湿润肥沃的微酸性土壤生长快速，中性、微碱性土壤亦能适应。

【栽培要点】播种繁殖。根系发达，萌蘖、萌芽力强，耐修剪整形。

【景观应用】园林中常用的观赏树种，终年常绿，苍翠可爱。可作庭荫树或行道树，亦可散植于水池、假山石边，作为点缀。

84. 夹竹桃 彩版图 2-84

Nerium indicum **Mill.**

【别名及科属】别名：红花夹竹桃、柳叶桃树、洋桃。夹竹桃科夹竹桃属。

【形态特征】常绿灌木或小乔木。叶革质，狭长，也有 2 片及 4 片对生的，叶面光亮，边缘反卷；侧脉羽状平行而密生。聚伞花序顶生；花冠红色或白色；花单瓣或重瓣，有香气。蓇葖果长角状。花期 6~9 月，果期 12 月至翌年 1 月。

【生长习性】喜阳光，也能适应较阴的环境。好温暖湿润气候，不耐寒，畏水涝。对土壤要求不严，而以排水良好、肥沃的中性土最宜。

【栽培要点】以扦插繁殖为主，也可分株、压条或播种育苗。夏季移植还要疏枝剪叶。寒冷地区也可盆栽，越冬最低温度需在 5℃以上。

【景观应用】碧叶青青如柳似竹，团团红花灼灼，适种植于公园、绿地、路旁、草坪边缘、交通绿岛上。也可剪作切花材料。

85. 忍冬 彩版图 2-85

Lonicera japonica Thunb.

【别名及科属】别名：二色花藤、金银花。忍冬科忍冬属。

【形态特征】常绿或半常绿缠绕藤本。茎皮条状剥落。枝中空，幼枝暗红褐色，密被黄褐色壁毛及腺毛。叶对生，卵形或卵状长圆形。双花单生叶腋；花冠先白色，渐渐略带紫色，后转黄色，有芳香；花冠筒细长。浆果球形，蓝黑色。花期 4~6 月，果期 8~10 月。

【生长习性】适应性强。生于山谷、溪边阴湿处，缠绕于树上。喜阳，也耐阴。耐寒，也耐干旱和水湿。对土壤要求不严，酸性、碱性土上均能适应。

【栽培要点】播种、扦插、压条和分株繁殖。移植宜在春季进行。栽在半阴处，植于沙质壤土中，需有他物任其攀援。

【景观应用】藤蔓缭绕，冬叶微红，经霜不落，适于篱墙栏杆、门架、花廊配植，在假山和岩坡隙缝间点缀。也可盆栽制作盆景。

86. 日本珊瑚树 彩版图 2-86

Viburnum odoratissimum Ker-Gawl. var. *awabuki*（K. Koch）Zabel ex Rumpl.

【别名及科属】别名：法国冬青、早禾树。忍冬科荚蒾属。

【形态特征】常绿灌木或小乔木，高 10m 左右。树皮黑褐色。枝粗壮，呈灰褐色，幼枝叶柄呈红色。叶对生，革质，长椭圆形，长 12~20cm，表面深绿色而有光泽，背面淡绿色，脉腋有褐色毛，先端锐或钝形，基部锐尖，全缘或上半部有波状锯齿。圆锥花序通常生于其两对叶的幼枝顶；花白色。果实核果，广椭圆形，初呈红色后变黑色。花期 6 月，果期 11 月。

【生长习性】喜温暖湿润性气候，喜光但耐阴，适生于湿润、肥沃的中性或酸性土壤中。

【栽培要点】扦插、播种繁殖。根系发达，萌芽力强，耐修剪。雨季剪取当年生壮枝扦插，颇易成活。移植时宜多带宿土。管理宜保其下枝。

【景观应用】一种理想的园林绿化树种，易整形，尤其适合于城市作绿篱、绿墙或园景丛植。

87. 附地菜　彩版图 2-87

***Trigonotis peduncularis*（Trev.）Benth. ex Baker et Moore**

【别名及科属】别名：地胡椒、雀扑拉。紫草科附地菜属。

【形态特征】一年生或二年生草本。茎通常多条丛生，稀单一，密集，铺散，高 5~30cm，基部多分枝，被短糙伏毛。春季开花；聚伞花序；花冠蓝色。四面体形小坚果 4。花期 5~6 月。

【生长习性】喜阳，喜凉爽气候，能耐阴，耐寒性较强。生于田野、路旁、荒草地或丘陵林缘、灌木林间。

【栽培要点】能自播繁殖。栽培时可作二年生花卉秋播，亦可试用扦插繁殖。栽培要求湿润土壤，忌积水。

【景观应用】可作春季花坛配植材料或作切花，也可成片栽种于墙边、溪边、林缘作地被植物。

88. 龙葵 彩版图 2-88

Solanum nigrum L.

【别名及科属】别名：石海椒、野伞子。茄科茄属。

【形态特征】一年生直立草本，高 0.25~1m。茎无棱或棱不明显，绿色或紫色，近无毛或被微柔毛。叶卵形或心形，互生，近全缘。夏季开白色小花、4~10 花成聚伞花序。球形浆果，成熟后为黑紫色。种近卵形。花期 5 月，果期 11 月。

【生长习性】适应性强。忌高温严寒。喜生于田边、荒地及村庄附近。

【栽培要点】对土壤要求不严，宜在有机质丰富、保水保肥力强的壤土上栽培。

【景观应用】可栽种于墙边、溪边、林缘作地被植物。

89. 华夏慈姑 *彩版图 2-89*

***Sagittaria trifolia* subsp.*leucopetala*（Miq.）Q. F. Wang**

【别名及科属】别名：慈姑。泽泻科慈姑属。

【形态特征】多年生水生草本。有纤匍枝，枝端膨大成球茎。叶基生，具长柄，叶形变化极大，通常呈戟形，全缘。总状花序轮生于总梗，组成圆锥花丛，上部为雄花，下部为雌花；花小，白色。瘦果两侧压扁，倒卵形，具翅。花果期 5~10 月。

【生长习性】喜阳光，适应性较强。多生于湖泊、池塘或沼泽地。在富含有机质的黏质壤土中生长最好。

【栽培要点】播种或分球茎繁殖。宜浅水栽培，忌连作。

【景观应用】在园林中可植于池塘，以绿化水面，点缀水景。也可作盆栽。

90. 鸭跖草 彩版图 2-90

Commelina communis L.

【**别名及科属**】别名：碧竹子、翠蝴蝶、淡竹叶等。鸭跖草科鸭跖草属。

【**形态特征**】一年生披散草本。茎匍匐生根，多分枝，长达1m，下部无毛，上部被短毛。叶披针形或卵状披针形，长3~9cm，宽1.5~2cm。总苞片佛焰苞状，柄长1.5~4cm，与叶对生；聚伞花序，下面一枝有1花，梗长8mm，不孕；上面一枝具3~4花，具短梗，几不伸出总苞片；萼片膜质，长约5mm，内面2枚常靠近或合生；花瓣深蓝色，内面2枚具爪，长约1cm。蒴果椭圆形，长5~7mm，2室，2裂。种子4，长2~3mm，棕黄色，一端平截，腹面平，有不规则窝孔。

【**生长习性**】喜温暖、半阴、湿润的环境，不耐寒。对土壤要求不严，耐旱性强，土壤略微有点湿就可以生长。

【**栽培要点**】播种、扦插或分株繁殖。宜在比较肥沃的疏松壤土上栽培。

【**景观应用**】常作园林地被，亦可盆栽。具有一定的药用价值。

91. 再力花 彩版图 2-91

***Thalia dealbata* Fraser.**

【别名及科属】别名：水竹芋、水莲蕉、塔利亚。竹芋科水竹芋属。

【形态特征】多年生挺水草本，株高 1～2m。具根状茎。叶基生，卵状披针形，浅灰蓝色，边缘紫色，长 50cm。复穗状花序；花小，紫堇色；花柄高达 2m 以上。

【生长习性】喜温暖水湿、阳光充足的气候环境，不耐寒，耐半阴，怕干旱。在微碱性的土壤中生长良好。

【栽培要点】分株繁殖。定植前施足底肥，以花生麸、骨粉为好。保持土壤湿润，夏季高温强光时应适当遮阴。适当疏剪，以利通风透光。

【景观应用】植株高大美观，是水景绿化的上品花卉，也可作盆栽观赏或种植于庭院水体景观中。

92. 麦冬 彩版图 2-92

Ophiopogon japonicus（**L. f.**）**Ker-Gawl.**

【**别名及科属**】别名：麦门冬、沿阶草。百合科沿阶草属。

【**形态特征**】多年生草本。须根较粗，顶端或中部膨大成纺锤状肉质小块根。地下匍匐茎细长。叶线形，基生成丛。总状花序顶生；花常俯垂，白色或淡紫色。浆果蓝黑色。

【**生长习性**】在富含腐殖质的沙质壤中生长良好，在黏重干旱的土壤上不能生长。耐寒性强，在长江流域能露地越冬。

【**栽培要点**】以分株繁殖为主，也可播种繁殖。栽培管理简单粗放。宜在土壤湿润、通风良好的半阴环境中栽植。

【**景观应用**】植株低矮，终年常绿，宜布置在庭园内山石旁、台阶下花坛边，或成片栽于树丛下。

93. 梭鱼草 *彩版图 2-93*

Pontederia cordata L.

【别名及科属】别名：北美梭鱼草、海寿花、箭叶梭鱼草。雨久花科梭鱼草属。

【形态特征】多年生挺水植物，株高 80~150cm。叶丛生，叶片较大，深绿色，表面光滑，叶形多变，多为倒卵状披针形。花茎直立、通常高出叶面；穗状花序顶生，上簇生几十至上百朵蓝紫色圆形小花。果实初期绿色，成熟后褐色；果皮坚硬。种子椭圆形。花期 5~10 月。

【生长习性】喜温、喜阳、喜肥、喜湿、怕风不耐寒，静水及水流缓慢的水域中均可生长。生长迅速，繁殖能力强。

【栽培要点】分株、播种繁殖。春秋两季各施一次腐熟有机肥，肥料需埋入土中，以免扩散到水域影响肥效。

【景观应用】叶色翠绿，花色迷人，花期较长，可用于家庭盆栽、池栽，也可广泛用于园林美化，栽植于河道两侧、池塘四周、人工湿地。

第二部分 植物名录

一、蕨类植物（Pteridophyta）名录

序号	种名	科名	属名
1	翠云草 *Selaginella uncinata* Spring	卷柏科 Selaginellaceae	卷柏属 *Selaginella*
2	卷柏 *Selaginella tamariscina* Spring		
3	木贼 *Equisetum hyemale* L.	木贼科 Equisetaceae	木贼属 *Equisetum*
4	紫萁 *Osmunda japonica* Thunb.	紫萁科 Osmundaceae	紫萁属 *Osmunda*
5	芒萁 *Dicranopteris pedata*（Houtt.）Nakaike.	里白科 Gleicheniaceae	芒萁属 *Dicranopteris*
6	里白 *Diplopterygium glaucum*（Thunb. ex Houtt.）Nakai.		里白属 *Diplopterygium*
7	海金沙 *Lygodium japonicum* Sw.	海金沙科 Lygodiaceae	海金沙属 *Lygodium*
8	蕨 *Pteridium aquilinum* Kuhn var. *latiusculum* Underw.	蕨科 Pteridiaceae	蕨属 *Pteridium*
9	凤尾蕨 *Pteris nervosa* Thunb.	凤尾蕨科 Pteridaceae	凤尾蕨属 *Pteris*
10	井栏边草 *Pteris multifida* Poir.		
11	野雉尾金粉蕨 *Onychium japonicum*（Thunb.）Kunze	中国蕨科 Sinopteridaceae	金粉蕨属 *Onychium*
12	贯众 *Cyrtomium fortunei* J. Sm.	鳞毛蕨科 Dryopteridaceae	贯众属 *Cyrtomium*

二、裸子植物（Gymnospermae）名录

序号	种名	科名	属名
1	苏铁 *Cycas revoluta* Thunb.	苏铁科 Cycadaceae	苏铁属 *Cycas*
2	银杏 *Ginkgo biloba* L.	银杏科 Ginkgoaceae	银杏属 *Ginkgo*
3	雪松 *Cedrus deodara* Loud.	松科 Pinaceae	雪松属 *Cedrus*
4	铁坚油杉 *Keteleeria davidiana*（Bertr.）Beissn.		油杉属 *Keteleeria*
5	黄枝油杉 *Keteleeria carcarea* Cheng et L. K. Fu.		
6	湿地松 *Pinus elliottii* Engelm.		松属 *Pinus*
7	马尾松 *Pinus massoniana* Lamb.		
8	杉木 *Cunninghamia lanceolata* Hook.	杉科 Taxodiaceae	杉属 *Cunninghamia*
9	水杉 *Metasequoia glyptostroboides* Hu et Cheng		水杉属 *Metasequoia*
10	池杉 *Taxodium distichum* Rich.		落羽杉属 *Taxodium*

(续)

序号	种名	科名	属名
11	侧柏 *Platycladus orientalis* (L.) Franco.	柏科 Cupressaceae	侧柏属 *Platycladus*
12	铺地柏 *Sabina procumbens* Iwata et Kusaka		圆柏属 *Sabina*
13	竹柏 *Nageia nagi* Kuntze.	罗汉松科 Podocarpaceae	竹柏属 *Nageia*
14	长叶竹柏 *Nageia fleuryi* Hickel.		
15	大叶竹柏 *Nageia wallichiana* Presl.		
16	罗汉松 *Podocarpus macrophyllus* D. Don.		罗汉松属 *Podocarpus*
17	南方红豆杉 *Taxus wallichiana* var. *mairei* (Lemée et H. Lév.) L. K. Fu et Nan Li	红豆杉科 Taxaceae	红豆杉属 *Taxus*

三、被子植物（Angiospermae）名录

序号	种名	科名	属名
1	鹅掌楸（马褂木）*Liriodendron chinense* (Hemsl.) Sargent.	木兰科 Magnoliaceae	鹅掌楸属 *Liriodendron*
2	荷花玉兰 *Magnolia grandiflora* L.		木兰属 *Magnolia*
3	白玉兰 *Magnolia denudata* Desr.		
4	紫玉兰 *Magnolia liliflora* Desr.		
5	望春玉兰 *Magnolia biondii* Pamp.		
6	二乔玉兰 *Magnolia × soulangeana*		
7	飞黄玉兰 *Magnolia denudata* 'Feihuang'		
8	娇红玉兰 *Magnolia denudata* 'Jiaohong'		
9	桂南木莲 *Manglietia chingii* Dandy.		木莲属 *Manglietia*
10	金叶含笑 *Michelia foveolata* Merr.		含笑属 *Michelia*
11	乐昌含笑 *Michelia chapensis* Dandy.		
12	深山含笑 *Michelia maudiae* Dunn.		
13	阔瓣含笑 *Michelia platypetala* Hand. -Mazz.		
14	平伐含笑 *Michelia cavaleriei* Finet et Cagnep.		
15	观光木 *Tsoongiodendrom odrorun* Chun		观光木属 *Tsoongiodendron*
16	合蕊五味子 *Schisandra propinqua* (Wall.) Baill.	五味子科 Schizandraceae	五味子属 *Schisandra*

（续）

序号	种名	科名	属名
17	连香树 *Cercidiphyllum japonicum* Sieb. et Zucc.	连香树科 Cercidiphyllaceae	连香树属 *Cercidiphyllum*
18	香樟 *Cinnamomum camphora* （L.） J. Presl		樟属 *Cinnamomum*
19	猴樟 *Cinnamomum bodinieri* Levl.		
20	阔叶樟 *Cinnamomum platyphyllum* （Diels） Allen.		
21	山胡椒 *Lindera glauca* Bl.	樟科 Lauraceae	山胡椒属 *Lindera*
22	山苍子 *Litsea cubeba* （Lour.） Pers.		木姜子属 *Litsea*
23	毛叶木姜子 *Litsea mollis* Hemsl.		
24	闽楠 *Phoebe bournei* （Hemsl.） Yen C. Yang J. W.		楠木属 *Phoebe*
25	浙江楠 *Phoebe chekiagensis* C. B Shang.		
26	桢楠 *Phoebe zhennan* S. Lee et F. N. Wei.		
27	小叶桢楠 *Phoebe microphylla* H. W. Li		
28	檫木 *Sassafras tzumu* （Hemsl.） Hemsl.		檫木属 *Sassafras*
29	蕺菜 *Houttuynia cordata* Thunb.	三白草科 Saururaceae	蕺菜属 *Houttuynia*
30	桃 *Amygdalus persica* L.	蔷薇科 Rosaceae	桃属 *Amygdalus*
31	紫叶桃 *Amygdalus persica* L. f. *atropurpurea* Schneid. 'Atropurpurea'		
32	碧桃 *Amygdalus persica* L. f. *duotex* Rehd. 'Duplex'		
33	榆叶梅 *Amygdalus triloba* （Lindl.） Ricker		
34	红梅 *Armeniaca mume* Sieb. f. *alphandii* Rehd. 'Rubriflora'		杏属 *Armeniaca*
35	山樱花 *Cerasus serulata* （Lindl.） G. Don ex London.		樱属 *Cerasus*
36	'关山'樱（日本晚樱）*Cerasus serrulata* var. *lannesiana* 'Kanzan'		
37	华中樱桃 *Cerasus conradinae* （Koehne） Ynradinae		
38	尾叶樱桃 *Cerasus dielsiana* （Schneid.） Ysiana		
39	东京樱花（染井吉野樱）*Cerasus yedoensis* （Matsum.） T. T. Yu et C. L. Li		
40	湖南樱花 *Cerasus serrulata* 'Hunan'		

（续）

序号	种名	科名	属名
41	醴陵樱花 *Cerasus campanulata* 'Liling'		樱属 *Cerasus*
42	金源樱花 *Cerasus campanulata* 'Jinyuan'		
43	日本木瓜（贴梗海棠）*Chaenomeles japonica* (Thunb.) Lindl. ex Spach		木瓜属 *Chaenomeles*
44	野山楂 *Crataegus cuneata* sieb. et Zucc.		山楂属 *Crataegus*
45	枇杷 *Eriobotrya Japonica* (Thunb.) Lindl.		枇杷属 *Eriobotrya*
46	垂丝海棠 *Malus halliana* Koehne.		苹果属 *Malus*
47	西府海棠 *Malus micromalus* Makino.		
48	北美海棠 *Malus* 'American'		
49	白芝地海棠 *Malus* 'Baizhidi'		
50	红衣主教海棠 *Malus* 'Thecardinal'		
51	王族海棠 *Malus* 'Royalty'		
52	武当海棠 *Malus* 'Wudang'		
53	舞美海棠 *Malus* 'Wumei'		
54	钻石海棠 *Malus* 'Sparkler'		
55	石楠 *Photinia serrulata* Lindl.	蔷薇科 Rosaceae	石楠属 *Photinia*
56	椤木石楠 *Photinia davidsoniae* Rehd. et Wils.		
57	红叶石楠 *Photinia* × *fraseri* Dress		
58	三叶委陵菜 *Potentilla freyniana* Bornm.		委陵菜属 *Potentilla*
59	紫叶李 *Prunus cerasifera* Ehrh. f. *atropurpurea* (Jacq.) Rehder.		李属 *Prunus*
60	杜梨 *Pyrus betulifolia* Bunge.		梨属 *Pyrus*
61	月季花 *Rosa chinensis* Jacq.		蔷薇属 *Rosa*
62	朱墨双辉月季 *Rosa* 'Crimson Glory'		
63	希望月季 *Rosa* 'Kibou'		
64	小女孩月季 *Rosa* 'Maidy'		
65	老 K 月季 *Rosa* 'Heart King'		
66	丹顶月季 *Rosa* 'Tancho'		
67	电子表月季 *Rosa* 'Funkuhr'		
68	和谐月季 *Rosa* 'Harmony'		
69	金太阳月季 *Rosa* 'Gold Sun'		
70	白河月季 *Rosa* 'Bai He'		

（续）

序号	种名	科名	属名
71	寒地玫瑰月季 *Rosa* 'Handimeigui'		
72	我的选择月季 *Rosa* 'My Choice'		
73	却柯克月季 *Rosa* 'Chacok'		
74	桔红女王月季 *Rosa* 'Orange Queen'		
75	甜梦 1 号月季 *Rosa* 'Sweet Dream 1'		
76	甜梦 2 号月季 *Rosa* 'Sweet Dream 2'		
77	藤和平月季 *Rosa* 'Rattan Peace'		
78	莺歌燕舞月季 *Rosa* 'Yinggeyanwu'		
79	红双喜月季 *Rosa* 'Double Delight'		
80	新貌月季 *Rosa* 'New Visage'		
81	月月红月季 *Rosa chinensis* 'Slater´s Crimson'		
82	和平 1 号月季 *Rosa* 'Peace 1'		
83	和平 2 号月季 *Rosa* 'Peace 2'		
84	杏花村月季 *Rosa* 'Xinghuacun'		
85	兰彼得月季 *Rosa* 'Blue Peter'		
86	月月粉月季 *Rosa chinensis* 'Old Blush'	蔷薇科 Rosaceae	蔷薇属 *Rosa*
87	摩纳哥公主月季 *Rosa* 'Princesse de Monaco'		
88	俄州黄金月季 *Rosa* 'Oregold'		
89	彩虹月季 *Rosa* 'Rainbows End'		
90	新生冰川月季 *Rosa* 'Regenberg'		
91	春潮月季 *Rosa* 'Chunchao'		
92	绿云月季 *Rosa* 'Lvyun'		
93	阿班斯月季 *Rosa* 'Ambiance'		
94	御用马车月季 *Rosa* 'Parkdirektor Riggers'		
95	赌城月季 *Rosa* 'Las Vegas'		
96	肯特月季 *Rosa* 'Kent'		
97	光谱 1 号月季 *Rosa* 'Spectra 1'		
98	光谱 2 号月季 *Rosa* 'Spectra 2'		
99	仙境月季 *Rosa* 'Meipitac'		
100	红五月月季 *Rosa* 'Red May'		
101	蓝河月季 *Rosa* 'Blue River'		
102	安吉拉月季 *Rosa* 'Angela'		

（续）

序号	种名	科名	属名
103	大游行月季 *Rosa* 'Parade'	蔷薇科 Rosaceae	蔷薇属 *Rosa*
104	晨意月季 *Rosa* 'Morning'		
105	金奖章月季 *Rosa* 'Gold Medal'		
106	美好时光月季 *Rosa* 'Perfect Moment'		
107	希腊之乡月季 *Rosa* 'Sheila's Perfume'		
108	坦尼克月季 *Rosa* 'Taneke'		
109	流星雨月季 *Rosa* 'Abracadabra'		
110	热腊月季 *Rosa* 'Candle'		
111	梅郎蒂娜月季 *Rosa* 'Meillandina'		
112	色霸月季 *Rosa* 'Sonus Faber'		
113	白柯斯特月季 *Rosa* 'White Kester'		
114	彩云月季 *Rosa* 'Saiun'		
115	粉扇月季 *Rosa* 'Pink Fan'		
116	艳丽月季 *Rosa* 'Gorgeous'		
117	加里娃达月季 *Rosa* 'Gallivarda'		
118	金凤凰月季 *Rosa* 'golden scepter'		
119	卡托尔月季 *Rosa* 'Kantuer'		
120	武士月季 *Rosa* 'knight'		
121	黄和平月季 *Rosa chinensis* 'Yellow Peace'		
122	爱月季 *Rosa* 'Love'		
123	黄从容月季 *Rosa* 'Yellow Leisure Liness'		
124	梅郎口红月季 *Rosa* 'Rouge Meilland'		
125	热带雨林月季 *Rosa* 'Rainforest'		
126	兰和平月季 *Rosa* 'Orchid Masterpiece'		
127	粉和平月季 *Rosa* 'Pink Peace'		
128	坎特公主月季 *Rosa* 'Princess Michael of Kent'		
129	阿尔推司月季 *Rosa* 'Artemis'		
130	东方之子月季 *Rosa* 'Easten Son'		
131	花车月季 *Rosa* 'Hanaguruma'		
132	节日礼花月季 *Rosa* 'Jierilihua'		
133	花魂月季 *Rosa* 'Chivalry'		
134	玛蒂尔达月季 *Rosa* 'Matilda'		

（续）

序号	种名	科名	属名
135	读书台月季 *Rosa* 'Reading Table'		
136	香欢喜月季 *Rosa* 'Perfume Delight'		
137	曼海姆宫殿月季 *Rosa* 'Schloss Mannheim'		
138	出众月季 *Rosa* 'Outstanding'		
139	DEE月季 *Rosa* 'Dee'		
140	至高无上月季 *Rosa* 'Zhigaowushang'		
141	金秀娃月季 *Rosa* 'Golden Showe'		
142	澳洲黄金月季 *Rosa* 'Australian Gold'		
143	黑旋风月季 *Rosa* 'Black Whirlwind'		
144	萨曼莎月季 *Rosa* 'Samantha'		
145	紫雾月季 *Rosa* 'Misty Purple'		
146	北京红月季 *Rosa* 'Beijinghong'		
147	红从容月季 *Rosa* 'Red Leisure Liness'		
148	红月季 *Rosa* 'Red'		
149	朝云月季 *Rosa* 'Asagumo'		
150	小红帽月季 *Rosa* 'Red Riding Hood Fairy Tale'	蔷薇科 Rosaceae	蔷薇属 *Rosa*
151	金徽花月季 *Rosa* 'Jinhuihua'		
152	高威月季 *Rosa* 'James Galway'		
153	王妃月季 *Rosa* 'Crown Princess Margareta'		
154	凯蒂兄弟月季 *Rosa* 'Brother Cadfael'		
155	亚历山德拉公主月季 *Rosa* 'Princess Alexandra of Kent'		
156	雅子月季 *Rosa* 'Eglantyne'		
157	顺从月季 *Rosa* 'Compliance'		
158	红地毯月季 *Rosa* 'Red carpet'		
159	万岁月季 *Rosa* 'Banzai'		
160	太平洋日落月季 *Rosa* 'Pacific Sunset'		
161	日和月季 *Rosa* 'Hiyoli'		
162	红丝带月季 *Rosa* 'Red Ribbon'		
163	波莱罗月季 *Rosa* 'Bolero'		
164	巴黎月季 *Rosa* 'La Parisienne'		
165	绿袖子月季 *Rosa* 'Greensleeves'		
166	粉奥运月季 *Rosa* 'Pink Olympic'		

（续）

序号	种名	科名	属名
167	美好灵感月季 *Rosa* 'Sweet Inspiration'	蔷薇科 Rosaceae	蔷薇属 *Rosa*
168	苏菲公主月季 *Rosa* 'Sophy´s Rose'		
169	护士月季 *Rosa* 'Macmillan Nurse'		
170	四面镜月季 *Rosa* 'Simianj'		
171	美咲月季 *Rosa* 'Misaki'		
172	紫木偶月季 *Rosa* 'Lavender Folies'		
173	玛格丽特山月季 *Rosa* 'Crown Princess Margaret'		
174	金樱子 *Rosa laevigata* Michx.		
175	七姊妹 *Rosa multiflora* 'Grevillei'		
176	野蔷薇 *Rosa multiflora* Thunb.		
177	粉团蔷薇 *Rosa multiflora* Thunb. var. *cathayensis* Rehd. et wils.		
178	山莓 *Rubus corchorifolius* L. f.		悬钩子属 *Rubus*
179	插田泡 *Rubus coreanus* Miq.		
180	周毛悬钩子 *Rubus amphidasys* Focke ex Diels		
181	红腺悬钩子 *Rubus sumatranus* Miq.		
182	蓬蘽 *Rubus hirsutus* Thunb.		
183	高粱泡 *Rubus lambertianus* Ser.		
184	粉花绣线菊 *Spiraea japonica* L. f.		绣线菊属 *Spiraea*
185	蜡梅 *Chimonanthus praecox*（L.）Link	蜡梅科 Calycanthaceae	蜡梅属 *Chimonanthus*
186	毛茛 *Ranunculus japonicus* Thunb.	毛茛科 Ranunculaceae	毛茛属 *Ranunculus*
187	扬子毛茛 *Ranunculus sieboldii* Miq.		
188	猫爪草 *Ranunculus ternatus* Thunb.		
189	石龙芮 *Ranunculus sceleratus* L.		
190	天葵 *Semiaquigia adoxoides*（DC.）Makino		天葵属 *Semiaquigia*
191	睡莲 *Nymphaea tetragona* Georgi.	睡莲科 Nymphaeaceae	睡莲属 *Nymphaea*
192	白睡莲 *Nymphaea alba* L.		
193	红睡莲 *Nymphaea alba* L. var. *rubra* Lonnr.		
194	黄睡莲 *Nymphaea mexicana* Zucc.		
195	芡（芡实）*Euryale ferox* Salisb. ex K. D. Koenig et Sims		芡属 *Euryale*

（续）

序号	种名	科名	属名
196	莲 *Nelumbo nucifera* Gaertn.	莲科 Nelumbonaceae	莲属 *Nelumbo*
197	水金英 *Hydrocleys nymphoides*（Willd.）Buch.	黄花蔺科 Limnocharitaceae	水金英属 *Hydrocleys*
198	梭鱼草 *Pontederia cordata* L.	雨久花科 Pontederiaceae	梭鱼草属 *Pontederia*
199	荇菜 *Nymphoides peltata*（Gmel.）Kuntze	荇菜科 Menyanthaceae	荇菜属 *Nymphoides*
200	千屈菜 *Lythrum salicaria* L.	千屈菜科 Lythraceae	千屈菜属 *Lythrum*
201	紫薇 *Lagerstroemia* indica L.		紫薇属 *Lagerstroemia*
202	红叶紫薇 *Lagerstroemia* 'Pink Velor'		
203	红火球紫薇 *Lagerstroemia* 'gerstroemi'		
204	红火箭紫薇 *Lagerstroemia* 'Red Pocket'		
205	槐叶苹 *Salvinia natans*（Linn.）All.	槐叶苹科 Salviniaceae	槐叶苹属 *Salvinia*
206	浮萍 *Lemna minor* L.	浮萍科 Lemnaceae	浮萍属 *Lemna*
207	泽泻 *Alisma plantago-aquatica* L.	泽泻科 Alismataceae	泽泻属 *Alisma*
208	华夏慈姑（慈姑）*Sagittaria trifolia* subsp. *leucopetala*（Miq.）Q. F. Wang		慈姑属 *Sagittaria*
209	水竹芋（再力花）*Thalia dealbata* Fraser.	竹芋科 Marantaceae	水竹芋属 *Thalia*
210	东方香蒲（香蒲）*Typha orientalis* Presl.	香蒲科 Typhaceae	香蒲属 *Typha*
211	伯乐树 *Bretschneidera sinensis* Hemsl.	伯乐树科 Bretschneideraceae	伯乐树属 *Bretschneidera*
212	芍药 *Paeonia lactiflora* Pall.	芍药科 Paeoninacaeae	芍药属 *Paeonia*
213	十大功劳 *Mahonia fortunei*（Lindl.）Fedde.	小檗科 Berberidaceae	十大功劳属 *Mahonia*
214	南天竹 *Nandina domestica* Thunb.		南天竹属 *Nandina*
215	尖距紫堇（地锦苗）*Corydalis sheareri* S. Moore	紫堇科 Fumariaceae	紫堇属 *Corydalis*
216	小花黄堇 *Corydalis racemosa*（Thunb.）Pers.		

（续）

序号	种名	科名	属名
217	芸苔 *Brassica rapa* var. *oleifera* DC.	十字花科 Brassicaceae	芸苔属 *Brassica*
218	白菜 *Brassica rapa* var. *glabra* Regel		
219	青菜 *Brassica rapa* var. *chinensis*（L.）Kitam.		
220	雪里蕻 *Brassica juncea* 'Multiceps'		
221	荠菜 *Capsella bursa-pastoris* Medik.		荠属 *Capsella*
222	臭荠 *Coronopus didymus*（L.）J. E. Smith		臭芥属 *Coronopus*
223	碎米荠 *Cardamine hirsuta* L.		碎米荠属 *Cardamine*
224	弯曲碎米荠 *Cardamine flexuosa* With.		
225	萝卜 *Raphanus sativus* L.		萝卜属 *Raphanus*
226	鹅肠菜 *Myosoton aquaticum* Moench.	石竹科 Caryophyllaceae	鹅肠菜属 *Myosoton*
227	球序卷耳 *Cerastium glomeratum* Thuill.		卷耳属 *Cerastium*
228	簇生泉卷耳 *Cerastium fontanum* subsp. *vulgare*（Hartm.）Greuter et Burdet		
229	繁缕 *Stellaria media* Cyr.		繁缕属 *Stellaria*
230	雀舌草 *Stellaria alsine* Grimm		
231	箐姑草 *Stellaria vestita* Kurz		
232	漆姑草 *Sagina japonica*（Sw.）Ohwi		漆姑草属 *Sagina*
233	珠芽景天 *Sedum bulbiferum* Makino	景天科 Crassulaceae	景天属 *Sedum*
234	佛甲草 *Sedum lineare* Thunb.		
235	杨梅 *Myrica rubra* Sieb. et Zucc.	杨梅科 Myrica ceae	杨梅属 *Myrica*
236	戟叶堇菜 *Viola betonicifolia* J. E. Smith.	堇菜科 Violaceae	堇菜属 *Viola*
237	紫花地丁 *Viola philippica* Cav.		
238	长萼堇菜 *Viola inconspicua* Blume		
239	如意草 *Viola arcuata* Blume		
240	瓜子金 *Polygala japonica* Houtt.	远志科 Polygalaceae	远志属 *Polygala*
241	金线草 *Antenoron filiforme*（Thunb.）Rob. et Vaut.	蓼科 Polygonaceae	金线草属 *Antenoron*
242	何首乌 *Fallopia multiflora* Harald.		何首乌属 *Fallopia*
243	竹节蓼 *Muehlenbeckia pltyclada* Meisn.		竹节蓼属 *Muehlenbeckia*
244	杠板归 *Polygonum perfoliatum* L.		蓼属 *Polygonum*
245	丛枝蓼 *Polygonum posumbu* Buch. -Ham. ex D. Don		

（续）

序号	种名	科名	属名
246	辣蓼 *Polygonum hydropiper* L.	蓼科 Polygonaceae	萹蓄属 *Polygonum*
247	酸模 *Rumex acetosa* L.		酸模属 *Rumex*
248	羊蹄 *Rumex japonicus* Houtt.		
249	垂序商陆 *Phytolacca americana* L.	商陆科 Phytolaccaceae	商陆属 *Phytolacca*
250	藜 *Chenopodium album* L.	藜科 Chenopodiaceae	藜属 *Chenopodium*
251	菠菜 *Spinacia oleracea* L.		菠菜属 *Spinacia*
252	土牛膝 *Achyranthes aspera* L.	苋科 Amarantaceae	牛膝属 *Achyranthes*
253	空心莲子草 *Aitemanthera philioxeroides* Griseb.		莲子草属 *Aitemanthera*
254	野老鹳草 *Geranium carolinianum* L.	牻牛儿苗科 Geraniaceae	老鹳草属 *Geranium*
255	酢浆草 *Oxalis comiculata* L.	酢浆草科 Oxalidaceae	酢浆草属 *Oxalis*
256	美人蕉 *Canna indica* L.	美人蕉科 Cannaceae	美人蕉属 *Canna*
257	石榴 *Punica granatum* L.	石榴科 Punicaceae	石榴属 *Punica*
258	小二仙草 *Gonocarpus micranthus* Thunb.	小二仙草科 Haloragaceae	小二仙草属 *Gonocarpus*
259	狐尾藻 *Myriophyllum verticillatum* L.		狐尾藻属 *Myriophyllum*
260	水马齿 *Callitriche palustris* L.	水马齿科 Callitrichaceae	水马齿属 *Callitriche*
261	芫花 *Daphne genkwa* Sieb. et Zucc.	瑞香科 Thymelaeaceae	瑞香属 *Daphne*
262	金边瑞香 *Daphne odora* f. *marginata* Makino		
263	柞木 *Xylosma racemosum* Miq.	大风子科 Flacourtiaceae	柞木属 *Xylosma*
264	杜仲 *Eucommia ulmoides* Oliv.	杜仲科 Eucommiaceae	杜仲属 *Eucommia*
265	地稔 *Melastoma dodecandrum* Loureiro	野牡丹科 Melastomataceae	野牡丹属 *Melastoma*
266	地耳草 *Hypericum japonicum* Thunb.	金丝桃科 Hypericaceae	金丝桃属 *Hypericum*
267	元宝草 *Hypericum sampsonii* Hance.		
268	海桐 *Pittosporum tobira*（Thunb.）Ait.	海桐花科 Pittosporaceae	海桐花属 *Pittosporum*

（续）

序号	种名	科名	属名
269	山茶 *Camellia japonica* L.	山茶科 Theaceae	山茶属 *Camellia*
270	油茶 *Camellia oleifera* Abel.		
271	茶梅 *Camellia sasanqua* Thunb.		
272	茶 *Camellia sinensis* O. Kuntze.		
273	格药柃 *Eurya muricata* Dunn.		柃木属 *Eurya*
274	木荷 *Schima superba* Gardn. et Champ.		木荷属 *Schima*
275	扁担杆 *Grewia biloba* G. Don.	椴树科 Tiliaceae	扁担杆属 *Grewia*
276	中华杜英 *Elaeocarpus chinensis*（Gardn. et Champ.）Hook. f. ex Benth.	杜英科 Elaeocarpaceae	杜英属 *Elaeocarpus*
277	秃瓣杜英 *Elaeocarpus glabripetalus* Merr.		
278	梧桐 *Firmiana platanifolia* Marsili.	梧桐科 Sterculiaceae	梧桐属 *Firmiana*
279	木槿 *Hibiscus syriacus* L.	锦葵科 Malvaceae	木槿属 *Hibiscus*
280	木芙蓉 *Hibiscus mutabilis* L.		
281	红背山麻杆 *Alchoranea trewioides* Muell-Arg.	大戟科 Euphorbiaceae	山麻杆属 *Alchoranea*
282	泽漆 *Euphorbia helioscopia* L.		大戟属 *Euphorbia*
283	算盘子 *Glochidion puberum*（L.）Hutch.		算盘子属 *Glochidion*
284	白背叶 *Mallotus apelta* Muell. -Arg.		野桐属 *Mallotus*
285	落萼叶下珠 *Phyllanthus flexuosus* Muell. -Arg.		叶下珠属 *Phyllanthus*
286	乌桕 *Sapium sebiferum*（L.）Roxb.		乌桕属 *Sapium*
287	虎皮楠 *Daphniphyllum oldhamii*（Hemsl.）Rosenth.	虎皮楠科 Daphniphyllaceae	虎皮楠属 *Daphniphyllum*
288	紫荆 *Cercis chinensis* Bunge	苏木科 Caesalpiniaceae	紫荆属 *Cercis*
289	银荆 *Acacia dealbata* Link	含羞草科 Mimosaceae	金合欢属 *Acacia*
290	合欢 *Albizia julibrissin* Durazz.		合欢属 *Albizia*
291	山槐（山合欢）*Albizia kalkora*（Roxb.）Prain.		
292	紫云英 *Astragalus sinicus* L.	蝶形花科 Papilionaceae	黄耆属 *Astragalus*
293	黄檀 *Dalbergia hupeana* Hance.		黄檀属 *Dalbergia*
294	大叶胡枝子 *Lespedeza davidii* Franch.		胡枝子属 *Lespedeza*

（续）

序号	种名	科名	属名
295	香花崖豆藤 *Millettia dielsiana* Harms ex Diels.	蝶形花科 Papilionaceae	崖豆藤属 *Millettia*
296	葛 *Pueraria lobata*（Wild.）Ohwi.		葛属 *Pueraria*
297	金枝槐 *Sophora japonica* 'Winter Gold'		槐属 *Sophora*
298	紫藤 *Wisteria sinensis*（Sims）Sweet		紫藤属 *Wisteria*
299	豌豆 *Pisum sativum* L.		豌豆属 *Pisum*
300	蚕豆 *Vicia faba* L.		野豌豆属 *Vicia*
301	救荒野豌豆 *Vicia sativa* L.		
302	细柄蕈树 *Altingia gracilipes* Hemsl.	金缕梅科 Hamamelidaceae	蕈树属 *Altingia*
303	蚊母树 *Distylium racemosum* Sieb. et Zucc.		蚊母树属 *Distylium*
304	中华蚊母树 *Distylium chinense*（Franch. ex Hemsl.）Diels		
305	小叶蚊母树 *Distylium buxifolium*（Hance）Merr.		
306	枫香 *Liquidambar formosana* Hance		枫香属 *Liquidambar*
307	檵木 *Loropetalum chinense* Oliv.		檵木属 *Loropetalum*
308	红花檵木 *Loropetalum chinense* Oliv. var. *rubrum* Yieh.		
309	米老排 *Mytiaria laoensis* H. Lecomte		壳菜果属 *Mytiaria*
310	雀舌黄杨 *Buxus harlandii* Hance.	黄杨科 Buxaceae.	黄杨属 *Buxus*
311	黄杨 *Buxus sinica*（Rehd. et Wils.）M. Cheng		
312	毛白杨 *Populus tomentosa* Carr.	杨柳科 Salicaceae	杨属 *Populus*
313	垂柳 *Salix babylonica* L.		柳属 *Salix*
314	旱柳 *Salix matsudana* Koidz.		
315	龙爪柳 *Salix matsudana* var. *tortuosa* Vilm.		
316	江南桤木 *Alnus trabeculosa* Hand. -Mazz.	桦木科 Betulaceae	桤木属 *Alnus*
317	茅栗 *Castanea seguinii* Dode	壳斗科 Fagaceae	栗属 *Castanea*
318	苦槠 *Castanopsis sclerophylla* Schottky.		栲属 *Castanopsis*
319	青冈栎 *Cyclobalanopsis glauca*（Thunb.）Oerst.		青冈属 *Cyclobalanopsis*
320	赤皮青冈 *Cyclobalanopsis gilva*（Bl.）Oerst.		
321	小叶栎 *Quercus chenii* Nakai.		栎属 *Quercus*

（续）

序号	种名	科名	属名
322	白栎 *Quercus fabri* Hance.	壳斗科 Fagaceae	栎属 *Quercus*
323	短柄枹栎 *Quercus serrata* var. *brevipetiolata*（A. DC.）Nakai.		
324	青钱柳 *Cyclocarya paliurus*（Batal.）Iljinsk.	胡桃科 Juglandaceae	青钱柳属 *Cyclocarya*
325	化香 *Platycarya strobilacea* Sieb. et Zucc.		化香树属 *Platycarya*
326	枫杨 *Pterocarya stenoptera* C. DC.		枫杨属 *Pterocarya*
327	朴树 *Celtis sinensis* Pers.	榆科 Ulmanceae	朴属 *Celtis*
328	榔榆 *Ulmus parvifolia* Jacq.		榆属 *Ulmus*
329	大叶榉 *Zelkova schneideriana* Hand. -Mazz.		榉属 *Zelkova*
330	山油麻 *Trema cannabina* var. *dielsiana*（Hand. -Mazz.）C. J. Chen		山黄麻属 *Trema*
331	葎草 *Humulus scandens*（Lour.）Merr.	大麻科 Cannabidaceae	葎草属 *Humulus*
332	构树 *Broussonetia papyrifera* L'Hert. ex Vent.	桑科 Moraceae	构属 *Broussonetia*
333	小构树 *Broussonetia kazinoki* Sieb.		榕属 *Ficus*
334	无花果 *Ficus carica* L.		
335	桑树 *Morus alba* L.		桑属 *Morus*
336	龙爪桑 *Morus alba* ´Tortuosa´		
337	苎麻（野麻）*Boehmeria nivea* Gaud.	荨麻科 Urticaeae	苎麻属 *Boehmeria*
338	糯米团 *Gonostegia hirta*（Bl.）Miq.		糯米团属 *Gonostegia*
339	冬青 *Ilex chinensis* Sims	冬青科 Aquifoliaceae	冬青属 *Ilex*
340	枸骨 *Ilex cornuta* Lindl. et Paxt.		
341	无刺枸骨 *Ilex corunta* var. *fortunei*		
342	秤星树 *Ilex asprella*（Hook. et Arn.）Champ. ex Benth.		
343	南蛇藤 *Celastrus orbiculatus* Thunb.	卫矛科 Celastraceae	南蛇藤属 *Celastrus*
344	粉背南蛇藤 *Celastrus hypofeucu*（Oliv.）Warb.		
345	扶芳藤 *Euonymus fortunei* Hand. -Mazz.		卫矛属 *Euonymus*
346	金边黄杨 *Euonymus japonicus* Thunb. ´Aureo-marginatus´.		

（续）

序号	种名	科名	属名
347	枳椇 *Hovenia acerba* Lindl.	鼠李科 Rhamnaceae	枳椇属 *Hovenia*
348	长叶冻绿 *Rhamnus crenata* Sieb. et Zucc.		鼠李属 *Rhamnus*
349	薄叶鼠李 *Rhamnus leptophylla* Schneid.		
350	枣 *Ziziphus jujuba* Mill.		枣属 *Ziziphus*
351	乌蔹莓 *Cayratia japonica* Cagnep.	葡萄科 Vitaceae	乌蔹莓属 *Cayratia*
352	蓝果蛇葡萄 *Ampelopsis bodinieri*（Lelopset Vant.）Rehd.		蛇葡萄属 *Ampelopsis*
353	紫金牛 *Ardisia japonica*（Thunb.）Bl.	紫金牛科 Myrsinaceae	紫金牛属 *Ardisia*
354	杜茎山 *Maesa japonica*（Thunb.）Noritze ex Zoll.		杜茎山属 *Maesa*
355	野柿 *Diospyros kaki* Thunb. var. *silvestris* Makino.	柿树科 Ebenaceae	柿属 *Diospyros*
356	柚 *Citrus maxima* Merr.	芸香科 Rutaceae	柑桔属 *Citrus*
357	枳 *Citrus trifoliata* L.		
358	臭辣树 *Evodia fargesii* Dode		吴茱萸属 *Evodia*
359	竹叶花椒 *Zanthoxylum armatum* DC.		花椒属 *Zanthoxylum*
360	苦楝 *Melia azedarach* L.	楝科 Meliaceae	楝属 *Melia*
361	香椿 *Toona sinensis* Roem.		香椿属 *Toona*
362	红椿 *Toona ciliata* Roem.		
363	复羽叶栾树 *Koelreuteria bipinnata* Franch.	无患子科 Sapindaceae	栾树属 *Koelreuteria*
364	无患子 *Sapindus mukorosii* Gaertn.		无患子属 *Sapindus*
365	南酸枣属 *Choerospondias axillaris*（Roxb.）Burtt et Hill	漆树科 Anacardiaceae	南酸枣属 *Choerospondias*
366	黄栌 *Cotinus coggygria* Scop.		黄栌属 *Cotinus*
367	盐肤木 *Rhus chinensis* Mill.		盐肤木属 *Rhus*
368	野漆 *Toxicodendron succedaneum*（L.）O. Kuntze		漆树属 *Toxicodendron*
369	红翅槭 *Acer fabri* Hance	槭树科 Aceraceae	槭属 *Acer*
370	鸡爪槭 *Acer palmatum* Thunb.		
371	美国红枫 *Acer palmatum* Thunb. 'Atropurpureum'		
372	中华槭 *Acer sinense* Pax		
373	七叶树 *Aesculus chinensis* Bunge.	七叶树科 Hippocastanaceae	七叶树属 *Aesculus*

（续）

序号	种名	科名	属名
374	野鸦椿 *Euscaphis japonica* (Thunb.) Dippel.	省沽油科 Staphyleaceae	野鸦椿属 *Euscaphis*
375	雪柳 *Fontanesia fortunei* Carr.	木犀科 Oleaceae	雪柳属 *Fontanesia*
376	对节白蜡 *Fraxinus hupehensis* Ch'u，Shang et Su		白蜡树属 *Fraxinus*
377	迎春花 *Jasminum nudiflorum* Li.		素馨属 *Jasminum*
378	女贞 *Ligustrum lucidum* Ait.		女贞属 *Ligustrum*
379	小叶女贞 *Ligustrum quihoui* Carr.		
380	小蜡树 *Ligustrum sinense* Lour.		
381	日本女贞 *Ligustrum japonicum* Thunb.		
382	金森女贞 *Ligustrum japonicum* 'Igustrum'		
383	桂花 *Osmanthus fragrans* Lour.		木犀属 *Osmanthus*
384	金桂 *Osmanthus fragrans.* var. *thunbergii* Makino.		
385	四季桂 *Osmanthus fragrans* var. *semperflorens* Hort.		
386	夹竹桃 *Nerium indicum* Mill.	夹竹桃科 Apocynaceae	夹竹桃属 *Nerium*
387	络石 *Trachelospermum jasminoides* Lem.		络石属 *Trachelospermum*
388	花叶蔓长春花 *Vinca major* inca majorrm		蔓长春花属 *Vinca*
389	豬殃殃 *Galium aparine* L. var. *tenerum* Rcbb.	茜草科 Rubiaceae	拉拉藤属 *Galium*
390	原拉拉藤 *Galium aparine* L.		
391	栀子 *Gardenia jasminoides* Ellis		栀子属 *Gardenia*
392	白蟾 *Gardenia jasminoides* var. *fortuneana* (Lindl.) H. Hara		
393	海栀子 *Gardenia jasminoides* 'Radicans'		
394	耳草 *Hedyotis auricularia* L.		耳草属 *Hedyotis*
395	长节耳草 *Hedyotis uncinella* Hook. et Arn.		
396	鸡矢藤 *Paederia scandens* Merr.		鸡矢藤属 *Paederia*
397	六月雪 *Serissa japonica* Thunb.		白马骨属 *Serissa*
398	钩藤 *Uncaria rhynchophylla* (Miq.) Jacks.		钩藤属 *Uncaria*
399	楸树 *Catalpa bungei* C. A. Mey.	紫威科 Bignoniaceae	梓树属 *Catalpa*
400	锦绣杜鹃 *Rhododendron pulchrum* Sweet.	杜鹃花科 Ericaceae	杜鹃属 *Rhododendron*

（续）

序号	种名	科名	属名
401	乌饭树 *Vaccinium bracteatum* Thunb.	杜鹃花科 Ericaceae	越橘属 *Vaccinium*
402	尖叶四照花 *Cornus elliptica*（Pojarkova） Q. Y. Xiang et Bofford	山茱萸科 Cornaceae	山茱萸属 *Cornus*
403	红瑞木 *Cornus alba* L.		
404	过路黄 *Lysimachia christinae* Hance.	报春花科 Primulaceae	珍珠菜属 *Lysimachia*
405	珍珠菜（矮桃）*Lysimachia clethroides* Duby		
406	星宿菜 *Lysimachia fortunei* Maxim.		
407	车前 *Plantago asiatica* L.	车前科 Plantaginaceae	车前属 *Plantago*
408	芫荽 *Coriandrum sativum* L.	伞形科 Apiaceae	芫荽属 *Coriandrum*
409	天胡荽 *Hydrocotyle sibthorpioides* Lam.		天胡荽属 *Hydrocotyle*
410	破铜钱 *Hydrocotyle sibthorpioides* var. *batrachium*（Hance）Hand. -Mazz.		
411	水芹 *Oenanthe javanica*（Bl.）DC.		水芹属 *Oenanthe*
412	野胡萝卜 *Daucus carota* L.		胡萝卜属 *Daucus*
413	艾蒿 *Artemisia argyi* Levl. et Vant.	菊科 Asteraceae	蒿属 *Artemisia*
414	白苞蒿 *Artemisia lactiflora* Wall. ex DC.		
415	三脉紫菀 *Aster trinervius* subsp. *ageratoides*（Turcz.）Grierson		紫菀属 *Aster*
416	紫茎泽兰 *Ageratina adenophora*（Spreng.） R. M. King et H. Rob.		紫茎泽兰属 *Ageratina*
417	野菊 *Dendranthema indicum* Des Moul.		菊属 *Dendranthema*
418	飞蓬 *Erigeron acer* L.		飞蓬属 *Erigeron*
419	一年蓬 *Erigeron annuus* Pers.		
420	异叶泽兰 *Eupatorium heterophyllum* DC.		泽兰属 *Eupatorium*
421	鼠鞠草 *Gnaphalium affine* D. DON.		鼠鞠草属 *Gnaphalium*
422	马兰 *Kalimeris indica* Sch. -Bip.		马兰属 *Kalimeris*
423	千里光 *Senecio scandens* Buch. -Ham. ex D. Don.		千里光属 *Senecio*
424	加拿大一枝黄花 *Solidago canadensis* Linn.		一枝黄花属 *Solidago*
425	苦苣菜 *Sonchus oleraceus*（L.）L.		苦苣菜属 *Sonchus*
426	苦荬菜 *Ixeris polycephala* Cass. ex DC.		苦荬菜属 *Ixeris*

（续）

序号	种名	科名	属名
427	尖裂假还阳参（抱茎小苦荬）*Crepidiastrum sonchifolium*（Maximowicz）Pak et Kawano	菊科 Asteraceae	假还阳参属 *crepidiastrum*
428	泥胡菜 *Hemisteptia lyrata*（Bunge）Bunge		泥胡菜属 *Hemisteptia*
429	稻槎菜 *Lapsanastrum apogonoides*（Maxim.）J. -H. Pak et K. Bremer		稻槎菜属 *Lapsanastrum*
430	黄鹌菜 *Youngia japonica*（L.）DC.		黄鹌菜属 *Youngia*
431	莴苣 *Lactuca sativa* L.		莴苣属 *Lactuca*
432	蓟 *Cirsium japonicum* Fisch. ex DC.		蓟属 *Cirsium*
433	蒲公英 *Taraxacum mongolicum* Hand. -Mazz.		蒲公英属 *Taraxacum*
434	四川山矾 *Symplocos setchuensis* Brand.	山矾科 Symplocaceae	山矾属 *Symplocos*
435	棱角山矾 *Symplocos tetragona* Chen ex Y. F. Wu		
436	光叶山矾 *Symplocos lancifolia* Sieb. et Zucc.		
437	白檀 *Symplocos paniculata*（Thunb.）Miq.		
438	喜树 *Camptotheca acuminata* Decne.	蓝果树科 Nyssaceae	喜树属 *Camptotheca*
439	珙桐 *Davidia involucrata* Baill.		珙桐属 *Davidia*
440	水紫树 *Nyssa aquatica*		蓝果树属 *Nyssa*
441	棘茎楤木 *Aralia echinocaulis* Hand. -Mazz.	五加科 Araliaceae	楤木属 *Aralia*
442	八角金盘 *Fatsia japonica* Decne. et Planch.		八角金盘属 *Fatsia*
443	常春藤 *Hedera nepalensis* K. Koch. var. *sinensis* Rehd.		常春藤属 *Hedera*
444	八角枫 *Alangium chinense*（Lour.）Harms	八角枫科 Alangiaceae	八角枫属 *Alangium*
445	毛八角枫 *Alangium kurzii* Craib		
446	忍冬（金银花）*Lonicera japonica* Thunb.	忍冬科 Caprifoliaceae	忍冬属 *Lonicera*
447	接骨草 *Sambucus chinensis* Lindl.		接骨木属 *Sambucus*
448	日本珊瑚树 *Viburnum odoratissimum* Ker-Gawl. var. *awabuki*（K. Koch）Zebel ex Rumpl.		荚蒾属 *Viburnum*
449	败酱 *Patrinia scabiosaefolia* Fisch. ex Link.	败酱科 Valerianaceae	败酱属 *Patrinia*
450	芬芳安息香（郁香野茉莉）*Styrax odoratissimus* Champ.	安息香科 Styracaceae	安息香属 *Styrax*

（续）

序号	种名	科名	属名
451	大青 *Clerodendrum cyrtophyllum* Turcz.	马鞭草科 Verbenaceae	大青属 *Clerodendrum*
452	马鞭草 *Verbena officinalis* L.		马鞭草属 *Verbena*
453	牡荆 *Vitex negundo* L. var. *cannadifolia* Hand. - Mazz.		牡荆属 *Vitex*
454	龙葵 *Solanum nigrum* L.	茄科 Solanaceae	茄属 *Solanum*
455	白英 *Solanum lyratum* Thunb.		
456	旋花 *Calystegia silvatica* Griseb. subsp. *orientalis*. Brumm.	旋花科 Convolvulaceae	打碗花属 *Calystegia*
457	泡桐 *Paulownia fortunei* Hemsl.	玄参科 Scrophulariaceae	泡桐属 *Paulownia*
458	毛泡桐 *Paulownia tomentosa* Steud.		
459	婆婆纳 *Veronica polita* Fries		婆婆纳属 *Veronica*
460	直立婆婆纳 *Veronica arvensis* L.		
461	阿拉伯婆婆纳 *Veronica persica* Poir.		
462	水苦荬 *Veronica undulata* Wall.		
463	通泉草 *Mazus pumilus*（Burm. f.）Steenis		通泉草属 *Mazus*
464	匍茎通泉草 *Mazus miquelii* Makino		
465	爵床 *Justicia procumbens* L.	爵床科 Acanthaceae	爵床属 *Justicia*
466	益母草 *Leonurus japonicus* Houtt.	唇形科 Lamiaceae（Labiatae）	益母草属 *Leonurus*
467	宝盖草 *Lamium amplexicaule* L.		野芝麻属 *Lamium*
468	香薷 *Elsholtzia ciliata*（Thunb.）Hyland.		香薷属 *Elsholtzia*
469	地蚕 *Stachys geobombycis* C. Y. Wu.		水苏属 *Stachys*
470	田野水苏 *Stachys arvensis* L.		
471	鸭跖草 *Commelina communis* L.	鸭跖草科 Commelinaceae	鸭跖草属 *Commelina*
472	水竹叶 *Murdannia triquetra*（Wall.）Bruckn.		水竹叶属 *Murdannia*
473	粉条儿菜 *Aletris spicata*（Thunb.）Franch.	百合科 Liliaceae	粉条儿菜属 *Aletris*
474	葱 *Allium fistulosum* L.		葱属 *Allium*
475	韭 *Allium tuberosum* Rottl. ex Spreng.		
476	蜘蛛抱蛋 *Aspidistra elatior* Bl.		蜘蛛抱蛋属 *Aspidistra*
477	萱草 *Hemerocallis fulva* L.		萱草属 *Hemerocallis*
478	麦冬 *Ophiopogon japonicus*（L. f）Ker-Gawl.		沿阶草属 *Ophiopogon*
479	吉祥草 *Reineckea carnea* Kunth.		吉祥草属 *Reineckea*
480	绵枣儿 *Scilla scilloides*（Lindl.）Druce.		绵枣儿属 *Scilla*

（续）

序号	种名	科名	属名
481	菝葜 *Smilax china* L.	菝葜科 Smilacaceae	菝葜属 *Smilax*
482	土茯苓 *Smilax glabra* Roxb.		
483	小果菝葜 *Smilax davidiana* A. DC.		
484	菖蒲 *Acorus calamus* L.	天南星科 Araceae	菖蒲属 *Acorus*
485	半边莲 *Lobelia chinensis* Lour.	桔梗科 Campanulaceae	半边莲属 *Lobelia*
486	附地菜 *Trigonotis peduncularis* （Trev.） Benth. ex Baker et Moore	紫草科 Boraginaceae	附地菜属 *Trigonotis*
487	柔弱斑种草 *Bothriospermum zeylanicum* （J. Jacq.） Druce		斑种草属 *Bothrio-spermum*
488	棕榈 *Trachycarpus fortunei* H. Wendl.	棕榈科 Palmaceae	棕榈属 *Trachycarpus*
489	翅茎灯心草 *Juncus alatus* Franch. et Savat.	灯心草科 Juncaceae	灯心草属 *Juncus*
490	灯心草 *Juncus effusus* L.		
491	青绿薹草 *Carex breviculmis* R. Br.	莎草科 Cyperaceae	薹草属 *Carex*
492	碎米莎草 *Cyperus iria* L.		莎草属 *Cyperus*
493	香附子 *Cyperus rotundus* L.		
494	凤尾竹 *Bambusa multiplex* 'Fernleaf' R. A. Young	禾本科 Poaceae 竹亚科 Bambusoideae	簕竹属 *Bambusa*
495	慈竹 *Neosinocalamus attinis* Keng f.		慈竹属 *Neosinocalamus*
496	阔叶箬竹 *Indocalamus latifolius* McClure.		箬竹属 *Indocalamus*
497	箬竹 *Indocalamus tessellatus* （Munro） Keng f.		
498	刚竹 *Phyllostachys viridis* McClure.		刚竹属 *Phyllostachys*
499	篌竹 *Phyllostachys nidularia* Munro		
500	雷竹 *Phyllostachys praecox* 'Prevernalia' Chu et Chao.		
501	毛竹 *Phyllostachys heterocyclada* 'Pubesceus' Ohwi		
502	紫竹 *Phyllostachys nigra* （Lodd. ex Lindl.） Munro		
503	箭竹 *Fargesia spathacea* Franch.		箭竹属 *Fargesia*

（续）

序号	种名	科名	属名
504	看麦娘 *Alopecurus aequalis* Sobol.	禾本科 Poaceae 禾亚科 Agrostidoideae	看麦娘属 *Alopecurus*
505	狗牙根 *Cynodon dactylon* Pers.		狗牙根属 *Cynodon*
506	淡竹叶 *Lophatherum gracile* Brengn.		淡竹叶属 *Lophatherum*
507	狗尾草 *Setaria viridis* Beauv.		狗尾草属 *Setaria*
508	细叶结缕草 *Zoysia tenuifolia* Willd. ex Trin.		结缕草属 *Zoysia*
509	糠稷 *Panicum bisulcatum* Thunb.		黍属 *Panicum*
510	芒 *Miscanthus sinensis* Anderss.		芒属 *Miscanthus*
511	五节芒 *Miscanthus floridulus*（Lab.）Warb. ex Schum. et Laut.		
512	芦苇 *Phragmites australis*（Cav.）Trin. ex Steud.		芦苇属 *Phragmites*
513	早熟禾 *Poa annua* L.		早熟禾属 *Poa*

注：表格中海棠的拉丁学名参考引种原产地提供的资料，月季的拉丁学名来源于北京市园林科学研究院和河南省南阳月季研究院。

图 2-1　铁坚油杉 *Keteleeria davidiana* (Bertr.) Beissn.

图 2-2　黄枝油杉 *Keteleeria carcarea* Cheng et
L. K. Fu.

图 2-3　雪松 *Cedrus deodara* Loud.

图 2-4　池杉 *Taxodium distichum* Rich.

图 2-5　竹柏 *Nageia nagi* Kuntze.

图 2-6　罗汉松 *Podocarpus macrophyllus* D. Don.

图 2-7　白玉兰 *Magnolia denudata* Desr.

图 2-8　荷花玉兰 *Magnolia grandiflora* L.

3

图 2-9　二乔玉兰 *Magnolia × soulangeana*

图 2-10　紫玉兰 *Magnolia liliflora* Desr.

图 2-11　桂南木莲 *Manglietia chingii* Dandy.

图 2-12 乐昌含笑 *Michelia chapensis* Dandy.

图 2-13 金叶含笑 *Michelia foveolata* Merr.

图 2-14 深山含笑 *Michelia maudiae* Dunn.

图 2-15　阔瓣含笑 *Michelia platypetala* Hand. - Mazz.

图 2-16　檫木 *Sassafras tzumu* (Hemsl.) Hemsl.

图 2-17　天葵 *Semiaquilegia adoxoides* (DC.) Makino

图 2-18　芍药 *Paeonia lactiflora* Pall.

图 2-19　睡莲 *Nymphaea tetragona* Georgi

图 2-20　南天竹 *Nandina domestica* Thunb.

图 2-21　尖距紫堇 *Corydalis sheareri* S. Moore

图 2-22　羊蹄 *Rumex japonicus* Houtt.

图 2-23　杠板归 *Plygonum perfoliatum* L.

图 2-24　垂序商陆 *Phytolacca americana* L.

图 2-25　野老鹳草 *Geranium carolinianum* L.

图 2-26　千屈菜 *Lythrum salicaria* L.

图 2-27　紫薇 *Lagerstroemia indica* L.

图 2-28　芫花 *Daphne genkwa* Sieb. et Zucc.

图 2-29　金边瑞香 *Daphne odora* f.*marginata* Makino

图 2-30　山茶 *Camellia japonica* L.

图 2-31　油茶 *Camellia oleifera* Abel.

图 2-32　木荷 *Schima superba* Gardn. et Champ.

图 2-33 地稔 *Melastoma dodecandrum* Loureiro

图 2-34 扁担杆 *Grewia biloba* G. Don.

图 2-35 中华杜英 *Elaeocarpus chinensis* (Gardn. et Champ.)
Hook. f. ex Benth.

图 2-36　秃瓣杜英 *Elaeocarpus glabripetalus* Merr.

图 2-37　木芙蓉 *Hibiscus mutabilis* L.

图 2-38　算盘子 *Glochidion puberum* (L.) Hutch.

图 2-39　乌桕 *Sapium sebiferum* (L.) Roxb.

图 2-40　虎皮楠 *Daphniphyllum oldhamii*（Hemsl.）
Rosenth.

图 2-41　榆叶梅 *Amygdalus triloba* (Lindl.) Ricker

图 2-42　尾叶樱桃 *Cerasus dielsiana* (Schneid.) Ysiana

图 2-43　椤木石楠 *Photinia davidsoniae* Rehd. et
Wils.

图 2-44　紫叶李 *Prunus cerasifera* Ehrh. f.
atropurpurea (Jacq.) Rehder.

15

图 2-45 月季花 *Rosa chinensis* Jacq.

图 2-46 蓬虆 *Rubus hirsutus* Thunb.

图 2-47 蜡梅 *Chimonanthus praecox* (L.) Link

图 2-48 合欢 *Albizia julibrissin* Durazz.

图 2-49 银荆 *Acacia dealbata* Link

图 2-50 紫荆 *Cercis chinensis* Bunge

图 2-51　救荒野豌豆 *Vicia sativa* L.

图 2-52　紫藤 *Wisteria sinensis* (Sims) Sweet

图 2-53　细柄蕈树 *Altingia gracilipes* Hemsl.

图 2-54　枫香 *Liquidambar formosana* Hance

图 2-55　米老排 *Mytilaria laoensis* H. Lecomte

图 2-56　杨梅 *Myrica rubra* Sieb. et Zucc.

图 2-57　江南桤木 *Alnus trabeculosa* Hand. -Mazz.

图 2-58　青冈栎 *Cyclobalanopsis glauca* (Thunb.) Oerst.

图 2-59　赤皮青冈 *Cyclobalanopsis gilva* (Bl.) Oerst.

图 2-60　短柄枹栎 *Quercus serrata* var. *brevipetiolata* (A. DC.) Nakai

图 2-61　榔榆 *Ulmus parvifolia* Jacq.

图 2-62　山油麻 *Trema cannabina* var.*dielsiana* (Hand. -Mazz.) C. J. Chen

图 2-63　冬青 *Ilex chinensis* Sims

图 2-64　无刺构骨 *Ilex cornuta* var. *fortunei*

图 2-65　臭辣吴萸 *Evodia fargesii* Dode

图 2-66　苦楝 *Melia azedarach* L.

图 2-67　复羽叶栾树 *Koelreuteria bipinnata* Franch.

图 2-68　红翅槭 *Acer fabri* Hance

图 2-69　美国红枫 *Acer palmatum* Thunb.‘Atropurpureum’

图 2-70　中华槭 *Acer sinense* Pax

图 2-71　野鸦椿 *Euscaphis japonica* (Thunb.) Dippel

图 2-72　南酸枣 *Choerospondias axillaris* (Roxb.) Burtt et Hill

图 2-73　青钱柳 *Cyclocarya paliurus* (Batal.) Iljinsk.

图 2-74　化香 *Platycarya strobilacea* Sieb. et Zucc.

图 2-75　枫杨 *Pterocarya stenoptera* C. DC.

图 2-76　尖叶四照花 *Cornus elliptica* (Pojarkova) Q. Y. Xiang et Bofford

图 2-77　毛八角枫 *Alangium kurzii* Craib

图 2-78　锦绣杜鹃 *Rhododendron pulchrum* Sweet.

图 2-79　乌饭树 *Vaccinium bracteatum* Thunb.

图 2-80　棱角山矾 *Symplocos tetragona* Chen ex Y. F. Wu

图 2-81　白檀 *Symplocos paniculata* (Thunb.) Miq.

图 2-82　对节白蜡 *Fraxinus hupehensis* Ch'u,
Shang et Su

图 2-83　女贞 *Ligustrum lucidum* Ait.

图 2-84　夹竹桃 *Nerium indicum* Mill.

图 2-85　忍冬 *Lonicera japonica* Thunb.

图 2-86　日本珊瑚树 *Viburnum odoratissimum*
Ker-Gawl. var. *awabuki* (K. Koch) Zabel ex Rumpl.

图 2-87　附地菜 *Trigonotis peduncularis*
(Trev.) Benth. ex Baker et Moore

图 2-88　龙葵 *Solanum nigrum* L.

图 2-89　华夏慈姑 *Sagittaria trifolia* subsp. *leucopetala* (Miq.) Q. F. Wang

图 2-90　鸭跖草 *Commelina communis* L.

图 2-91 再力花 *Thalia dealbata* Fraser.

图 2-92 麦冬 *Ophiopogon japonicus* (L. f.) Ker-Gawl.

图 2-93 梭鱼草 *Pontederia cordata* L.